深圳市科技创新委员会课题：新型科研机构运行模式与管理策略研究
（课题编号：RKX20200327095610138）

科技部国家重点研发计划课题：新型研发机构一体化服务平台应用示范
（课题编号：2021YFF0901104）

国家战略科技力量

新型科研机构

樊纲　樊建平◎主编

NATIONAL STRATEGIC SCIENTIFIC FORCE

NEW INSTITUTES FOR R&D

中国经济出版社
CHINA ECONOMIC PUBLISHING HOUSE
北京

图书在版编目（CIP）数据

国家战略科技力量：新型科研机构 / 樊纲，樊建平主编．--北京：中国经济出版社，2022.5（2023.2 重印）
ISBN 978-7-5136-6872-9

Ⅰ．①国… Ⅱ．①樊… ②樊… Ⅲ．①科学研究组织机构-研究-中国 Ⅳ．①G322.2

中国版本图书馆 CIP 数据核字（2022）第 056085 号

策划编辑　赵静宜
责任编辑　罗　茜
责任印制　马小宾
封面设计　久品轩

出版发行　中国经济出版社
印 刷 者　北京艾普海德印刷有限公司
经 销 者　各地新华书店
开　　本　710mm×1000mm　1/16
印　　张　14.5
字　　数　215 千字
版　　次　2022 年 5 月第 1 版
印　　次　2023 年 2 月第 3 次
定　　价　88.00 元
广告经营许可证　京西工商广字第 8179 号

中国经济出版社 **网址** www.economyph.com **社址** 北京市东城区安定门外大街 58 号 **邮编** 100011
本版图书如存在印装质量问题，请与本社销售中心联系调换（联系电话：010-57512564）

主　编　樊　纲　樊建平

编　委　阮　萌　毕亚雷　郑宇劼　韩汶轩
丁宁宁　何渊源　马朝良

支持单位

中国科学院深圳先进技术研究院

综合开发研究院（中国·深圳）

新型科研机构是面向未来的战略科技力量

科技创新是国之利器，国家赖之以强，城市赖之以兴。纵观历史，国家、民族之间的竞争，本质上是生产力之争，其核心是科技创新能力之争。新一轮科技革命和产业变革正在重构全球创新版图、重塑全球经济结构，但当前全世界仍然存在巨大的科技鸿沟，发达国家和发展中国家的差距仍在加速扩大。发展中国家面临的问题，不是自己有多大进步，而是要加快缩小和发达国家之间的差距，尤其是缩小创新能力、科技水平、科研体系等方面的差距，否则会一直在国际竞争中处于“处处受压”的情境。2018 年中美经贸摩擦之后，美国多次通过战略、经济、外交、科技等手段同中国开展竞争，以打压中国的发展势头。《美国创新与竞争法案》的出台，也再次使得科技成为中美竞争的一个主战场。国际环境正处于“大变局”之中，科技创新环境越发严峻。

经济的发展是阶段性的，发展中国家要想在经济上追上发达国家，需要一个漫长的过程。从近几十年的发展经验来看，我国经济发展主要经历了“比较优势”“比较优势+后发优势”“后发优势+自主创新”三个阶段。改革开放后，我国积极利用比较优势，挣得“第一桶金”，经济发展突飞猛进。随着劳动力成本的上升，我国已经无法利用比较优势缩小和发达国家的差距，开始进入比较优势与后发优势同时起作用的时期。2000 年之后，我国通过引进并学习模仿发达国家积累的成熟技术和产业，减少成本、降低风险，建立了适合自己的市场经济体制。从引进模仿到自主创新是一个国家科技创新能力建设的必经过程，目前我国已经进入继续学习模仿，发挥后发优势，加大自主创新的阶段。

经过多年努力，我国基础研究水平大大提升，人才队伍不断壮大，重大成果不断涌现，高质量论文数量已升至全球第一，研发人员总量连续8年稳居世界首位，“嫦娥五号”等科技研发取得突破，全球创新排名从2015年的第29位升至2020年的第14位。2020年我国研发经费投入总量达24426亿元，稳居世界第二。但当前我国仍处在第三阶段的开始阶段，大量产业存在关键核心技术“卡脖子”问题，关键材料、零部件的自给率较低，在许多知识和技术领域仍落后于发达国家。发展中国家遇到的困难符合逻辑和规律，要突破发达国家对我们的技术封锁，提升自主创新能力，实现科技自立自强，关键是做好科技体制改革，形成支持全面创新的基础制度，创造激励创新的体制环境；要实行关键核心技术“揭榜挂帅”和“赛马”等制度，激发各类人才创新活力，通过市场需求引导创新资源有效配置，形成推进科技创新的强大合力。新型科研机构作为我国科技创新实践摸索成形的新事物，聚焦科技创新需求，在产业关键核心技术攻关、科技成果转化、推动科技经济深度融合等方面能够发挥重要作用，将成为我国实现自主创新和科技自立自强的重要力量。

第一，新型科研机构发挥了“鲇鱼效应”，牵引科技体制的深化改革。世界科技强国的竞争，比拼的是国家战略科技力量，国家实验室和先进的科研机构一直是发达国家的重要战略科技力量，如美国贝尔实验室、德国弗劳恩霍夫协会等。从我国科研机构发展历程看，科研院所、高等院校等传统科研机构在创新体系中占据了较大比重，但科技与产业发展“两张皮”的突出问题长期存在。科技体制改革重点已从以政府管理为主转向政府与市场结合、以市场机制为主，传统科研机构亟须加快建立现代院所制度，进行深层次改革。自全国第一个“四不像”机构——深圳清华大学研究院出现之后，我国新型科研机构经历了发达地区先行先试、国家政策大力支持及全国高质量发展等阶段，目前已十分成熟。新型科研机构探索了市场化现代机构运行机制，激发了传统科研机构的创新活力，对汇聚科技创新资源、带动科技体制改革、培育科技产业优势具有重要的推动作用。尤其是深圳市近年来持续推进新型科研机构建设，已逐渐发展成为全国深化科技体制改革的试验田，开创了深化科技体制改革的新路径。

第二，新型科研机构以市场需求为导向，推动源头创新和关键核心技术突破。面对科技创新梗阻和美国技术封锁，我国提出“双循环”和“新型举国体制”战略，以开展原始创新研究，实现引领性原创技术重大突破，加强基础研究和应用基础研究对接，畅通成果转化渠道。新型科研机构是面向市场的开放平台，以市场为主导配置创新要素及创造新需求，能够撬动社会资本投放到科研项目，实现科研、产业和资本三方对接，是实践新型举国体制战略的科研新模式，可以有效防范“科技烂尾楼”。以研发为主的新型科研机构，聚焦基础研究和应用基础研究，着重突破前沿技术、攻克“卡脖子”技术，能够有效解决特定领域的关键技术瓶颈。以平台为主的新型科研机构，聚焦科技成果转化和资源对接，能够加快推动原始创新技术的产业应用，推动源头科技创新转化为生产力。

第三，新型科研机构始于深圳的“先行先试”，但在新发展格局下，其发展对深圳也有新要求。深圳作为在改革开放中走在前列的经济特区，已成长为全国乃至全球的创新高地，发展能量正不断向周边辐射。在第一个新型科研机构成立之后，深圳涌现出了大批聚焦于成果转化、应用基础研究的新型科研机构。作为深圳“四不像”新型科研机构的代表，中国科学院深圳先进技术研究院面向科技创新发展和深圳市产业发展的需求，经过多年发展已成为深圳吸引高端人才、提升创新能力、促进成果产业化、推广应用新技术的重要平台，走出了一条独具特色的创新之路。面对国际复杂环境和产业现实需求，深圳需要进一步发展兼顾技术创新和产业化的新型科研机构，提升前沿领域的科技创新能力和科技成果转化能力，推动一批重要科研成果就地转化，打造现代化国际化创新型城市。同时，还要以市场化发展为导向，把握并放大自身民营科技企业的优势，强化民营企业的创新主体地位，鼓励科技类民办非企业单位性质的新型科研机构开展科技创新活动，勇敢地踏入“无人区”，着力突破关键核心技术，找到创新发展的下一个方向。

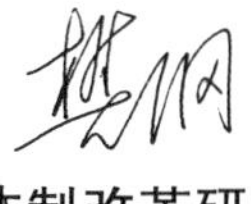

中国经济体制改革研究会副会长
中国（深圳）综合开发研究院院长

新型科研机构是科技创新的策源地

在社会各界的共同努力下，我国科技实力近年来实现了历史性、整体性、格局性重大变化，我国全球科技影响力得到了大幅提升。在一些重大领域和交叉前沿方向上，我国科技基础与实力已进入并行、领跑阶段，但能直接为经济发展作出贡献的科技成果占比依旧较低，科技进步贡献率远低于发达国家水平。在对科技工作者提出更高要求的同时，我国也迫切需要完善科技创新体制机制，通过改革来提升国家创新体系整体效能，实现高水平科技自立自强。新型科研机构作为深入实施创新驱动发展战略和深化科技体制机制改革的重要抓手，不仅是基础研究和应用研究融通发展的重要结合点，而且是聚集高端创新资源、提升“0-1”原始创新能力、开展“1-10”产业技术研发、加速“10-∞”成果转化的重要载体和策源地，在创新型国家和世界科技强国建设中发挥着重要作用。

作为中国科学院、深圳市、香港中文大学三方共建的新型科研机构，中国科学院深圳先进技术研究院（以下简称“深圳先进院”）扎根深圳15年，人员规模从5人发展到近5000人，专利申请总量超1.2万件，PCT申请连续两年位列全球教育科研机构第一，累计孵化企业1346家、持股企业323家，与产业界合作金额累计近29亿元，已成为建设粤港澳大湾区国际科技创新中心和综合性国家科学中心的核心引擎之一。

在建设高水平新型科研机构的“蓝图规划”里，深圳先进院不断强化心系“国家事”、肩扛“国家责”的初心，准确把握高水平科技自立自强的时代内涵，不断向科学技术广度和深度进军，不断增强“0-1”的创新策源能力，以“提升粤港澳地区制造业、健康产业和现代服务业的自主创新能力，推动自主知识产权新工业建立，率先建成国际一流科研机构”的使命担当，敢闯敢创、先行先试，从破题突围大步走向战略引领，从关键技术“卡脖子”快步走向核心科技自主可控，不断提升科技创新硬核实力，努力实现从跟跑、并跑向并跑、领跑的深刻转变，闯出一条科学发现、技术发明、产业发展“无缝对接”的科教产深度融合的可复制、可推广、可借鉴的创新之路。

在建设高水平新型科研机构的“现实画卷”里，深圳先进院始终坚持面向世界科技前沿、面向经济主战场、面向国家重大需求、面向人民生命健康，锚定国家重大需求，围绕产业链部署创新链。在智能机器人领域，深圳先进院践行了从基础研究到应用研究，再到产业开发的“布什范式”，推动建立了“头雁引领群雁飞”的智能机器人产业生态，实现了产业集群化发展。在低成本健康和生物医学工程领域，深圳先进院实践了“巴斯德范式”，为解决广大农村“看病难、看病贵”问题和打破高端医疗设备洋品牌垄断格局，提供了系统解决方案和关键核心技术，建立了“需求方出题、科技界答题”的新机制，形成各创新主体相互协同的高效强大共性技术供给体系。在合成生物学、脑科学等生命科学前沿领域，深圳先进院探索了“0-1-10”纵向融通重构和“10-∞”横向跨界整合的“蝴蝶模式”，建立了科技成果“沿途下蛋”高效转化机制，形成“科研-转化-产业”的全链条企业培育模式，在国家创新体系和区域源头创新活动中，实现了科学与产业一体设计、一体推进、一体服务。上述成功经验入选国家发展和改革委员会全国推广深圳经济特区47条创新举措。

在建设高水平新型科研机构的“精彩答卷”里，深圳先进院着力打造科技创新策源地，不断完善与科技创新硬实力相适应、相匹配的科技创新体系，开展了“0-1-10-∞”的创新链、产业链、人才链、教育链有效衔接与深度融合的体系化探索和系统化实践：建设了8个研究所、113个创新载体（国家级9个、省部级34个、市级70个）；打造了医疗器械领域唯一的国家级创新平台——国家高性能医疗器械创新中心；组建了2个重大科技基础设施（深圳合成生物研究重大科技基础设施、深圳脑解析与脑模拟重大科技基础设施）和3个基础研究机构（深圳市合成生物学创新研究院、深港脑科学创新研究院、深圳先进电子材料国际创新研究院）；国内首创“楼上楼下”创新创业综合体——深圳市工程生物产业创新中心；瞄准粤港澳大湾区创新发展、面向未来产业科技与人才需求，筹建了新型研究型大学——深圳理工大学，为原始创新策源、关键技术突破、高水平人才培育、科技成果高效转化的聚变反应提供了内核动力，探索了全过程创新生态链的新科研范式——“蝴蝶模式”。

实现高水平科技自立自强，既要厚植科技发展根基，聚焦产生重大原创性、引领性成果的关键支撑和技术突破，也要完善科技创新体制机制，推动科技管理和科研范式的迭代升级，适应大科学时代的“第一生产力”。接下来，深圳先进院将更加注重应用牵引、突破瓶颈，从产业发展的实际问题中凝练科学问题，弄通“卡脖子”技术的基础理论和技术原理，努力实现更多“0-1”的原始创新，探索国家战略与地方需求相结合、前沿科学与关键技术相一致、基础研究与高端产业相呼应、建设任务与政策保障相配套、近期目标与长远愿景相衔接的创新体系和科研范式，全力打造粤港澳大湾区科技创新策源地。

为创新而生者，积力之所举；为生存而战者，勇毅之所行；为发展而谋者，众智之所为。路修远以多艰兮，唯有知行合一，乘骐骥以驰骋兮，我们筑梦前行！

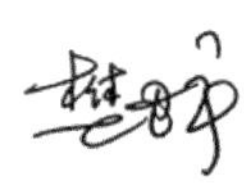

中国科学院深圳先进技术研究院院长

深圳理工大学筹备办主任

CONTENTS 目　录

第 1 章

导　论

· 创新是引领发展的第一动力，创新驱动发展战略已成为我国的国家战略。科学技术是第一生产力，科技创新是提高社会生产力和综合国力的战略支撑，更是推动我国经济高质量发展的决定性因素。

· 科研机构，尤其是世界一流科研机构已成为国家战略科技力量的核心主体和支撑，在助力构建新发展格局、推动科学技术转化、实现创新驱动发展的过程中具有重要主体意义。我国科研机构体系经过几十年的变迁，在推进科技进步中发挥了重要作用。

· 我国科研机构在发展过程中，面临行政化管理模式僵化、运行模式存在瓶颈、产学研协同创新不足等困境，存在科研机构成果转化率不高、转化机制不畅等现象，直接影响了其对提高技术创新水平、推动经济社会高质量发展的贡献，需要进一步深化改革。

1.1 创新是引领发展的第一动力

从理论演进看，影响新时期经济高质量发展的因素已经转变为创新驱动。科技创新是创新驱动的核心，实施创新驱动发展战略，最根本的是要增强自主创新能力。我国在改革开放后不断探索自主创新道路，取得了显著成效。未来，科技创新的重要性也将越发明显，其不仅是我国经济高质量发展的核心动力，而且是我国构建新发展格局的有力支撑。

1.1.1 科技创新推动经济高质量发展

从国内外经济增长理论、制度经济学理论和创新驱动理论的演进历程可以看出，经济高质量发展的影响因素从劳动力和资本向技术进步、制度因素、国家创新体系等角度拓展，这和我国发展进程十分相似。

（1）经济增长理论：资本积累和技术进步

从古典经济学理论时期到新古典经济学增长理论时期，学者们认为劳动分工、资本积累和技术进步是一国经济增长的重要源泉，其过度强调劳动分工和资本积累的决定性作用。最早关于经济增长动力的分析可以追溯到古典经济学，以亚当·斯密、大卫·李嘉图为代表的古典经济学家认为分工促进专业化，使得生产制度与交易制度不断完善创新，经济得到长期增长。20 世纪 40 年代前期，学者们以“哈罗德—多马模型”为起点，开始了对长期经济增长问题的数理化讨论。“哈罗德—多马模型”假设劳动力和资本这两种生产要素不可替代，推导出只有经济增长率等于社会储蓄率和资本产出比率之比，经济才能实现稳定的均衡增长。该模型过分强调资本积累在经济增长中的决定性作用，忽视了技术进步的影响。

20 世纪 50 年代末，学者们开始意识到科技水平、技术进步对经济增长的推动作用。罗伯特·索洛（1957）通过对先行工业化国家的实证研究，发现当生产要素增加到一定程度时，经济增长速度并没有随之下降，而是保持在一个稳定区间。他认为导致这种情况的原因应该是存在一种区别于资本与劳动要素的新的影响因素，即科技水平。他通过测算全要素生产率（TFP），将代表科技进步对经济增长贡献的“索洛余值”计算出来，证实了要素边际报酬递减引起的负面效应可被技术进步引起的经济效率提升所抵消。

此后，新增长理论在将古典增长理论模型化的同时，将技术进步视为外生变量，纳入经济增长源泉的范畴。20 世纪 80 年代中后期，学者们研究认为，内生技术进步是经济增长的主要因素。罗默（Romer P. M.）和卢卡斯（Lucas R. E.）等在新古典增长理论的基础上重新思考，提出了新增长理论。罗默认为经济增长的源泉是知识和技术研发，内生的知识积累能够引起收益递增；卢卡斯认为经济的外部性是由人力资本溢出引起的，其人力资本溢出模型将技术进步与人力资本相结合，避免资本积累的规模报酬递减规律。新增长理论努力使增长率内生化，认为技术进步是内生的，它来源于人力资本的溢出和知识的积累。罗默在其著作《技术内生变化》中假定经济增长的核心要素是技术进步，提出了新的内生经济增长模型，后来的学者对其模型假设与结构进行了一系列的补充和完善，都是内生经济增长理论的重要内容。新古典内生增长理论认为国家应通过加大研发投入来促进技术进步，但无法深入分析影响技术进步的因素及其作用机理。

（2）制度经济学理论：制度要素和制度变迁

20世纪70年代，学者们开始将制度因素纳入解释经济增长的分析框架，形成了制度创新经济学的研究范畴和理论基础。美国经济学家道格拉斯·C. 诺斯（1990）在《制度、制度变迁与经济绩效》一书中介绍了制度的性质以及现代国家制度在西方经济发展中的影响等内容。诺斯认为，对经济增长起决定性作用的是制度因素而不是技术因素，制度和组织相辅相成，制度最基本的作用在于降低不确定性。阿西莫格鲁在《国家为什么会失败》一书中，分析了经济学家对不同国家经济发展水平差异的解释，认为国家之间经济发展水平产生差异的根本原因在于制度安排不同。格莱夫（1998，2001）认为，在博弈论框架中，两个互相联系的制度要素是预期和组织，组织是非技术因素决定的约束，制度要素通过引入新的参与人来改变参与人所获得的信息，或者改变某些行为的报酬来影响行为。[①②] 当制度的供需处于非均衡状态，无法适应当下的环境时，制度就需要更新换代，旧制度要么被抛弃，制定全新的制度，要么进行制度内容的更新，来适应新的环境变化，这就形成了制度变迁。

制度变迁能有效解释中国改革历程，但中国的制度变迁和体制转轨是漫长的发展过程，改革与发展需要同时进行。在新旧增长动力转换中，制度性交易成本高低是影响动力转换速度的关键因素。我国基础性制度供给中一些深层次结构性矛盾仍然突出，影响新旧增长动力转换。学者们从环境、行动者、制度或其互动中探寻制度变迁的起源，并发展了外生变迁—内生变迁、需求—供给的分析视角。针对新时期新动力或动力转换问题，国内学者也从不同阶段不同角度得出不同的动力转换结论。林毅夫

① A. Greif. Historical and Comparative Institutional Analysis：Conceptual and Theoretical Frameworks and Empirical Methodology [M]. London：Cambridge University Press，1998.

② A. Greif. How Do Self-enforcing Institutions Endogenously Change? Institutional Reinforcement and Quasi-Parameters [R]. WorkingPaper，2001.

(1994）将制度变迁分为诱致性变迁与强制性变迁，认为这两种并存的方式可以解释中国改革历程。[①] 樊纲（2014）指出，中国改革与发展相互制约、相互影响、相互促进，要充分认识到中国改革与发展的长期性。没有发展，我们的制度就不可能完善；而没有制度变革，我们的发展就会因效率低下而困难重重。[②]

（3）创新驱动理论：国家创新体系和区域创新体系

20 世纪 80 年代后期，创新驱动型经济开始被发达国家提到战略高度。随着知识经济兴起，创新环境日益复杂，以知识经济为先导的全球新技术革命，推动人类经济社会的巨大进步，科学技术的实力和领先地位、技术创新的能力和资源配置显示着国家的竞争优势。一些学者结合系统科学、演化经济学等理论对创新活动展开研究并形成创新驱动理论，包括技术创新系统、产业创新系统、区域创新系统以及国家创新系统等。

在创新驱动发展阶段，各国的竞争力是创新能力，科技成为经济发展的第一驱动因素。迈克尔·E. 波特（Michael E. Porter）提出国家竞争发展四阶段理论，并指出创新驱动发展，需要将科技、信息和经济发展在市场化和信息化的过程中紧密融合在一起，促进产业集聚，形成完整的产业链，支撑经济快速稳定增长。弗里曼（1987）扩大了技术创新主体范围，提出了国家创新体系理论，认为国家创新体系是以政府为主导、以企业与科研院所为主要参与对象，为实现社会经济发展形成的综合运行机制，其中创新成为国家变革和社会进步的关键。[③] Nelson（1993）认为国家创新体系的核心是企业界、学术界与国家政策间的交互作用，更注重国家创新系统中宏观政策设计或制度安排的作用。[④] Breschi 等（1997）在国家创新系统和技术系统研究的基础上，提出了产业创新系统概念，并把产业创新

---

① 林毅夫．关于制度变迁的经济学理论：诱致性变迁与强制性变迁［EB/OL］．https：//wenku. baidu. com/view/7fcc654bcf84b9d528ea7ad0. html？ re=view&fr=xueshu_top，1994.

② 樊纲．制度改变中国：制度变革与社会转型［M］．北京：中信出版社，2014.

③ Freeman C. Technology Policy and Economic Performance：Lessons from Japan［M］．London：Printer，1987.

④ Nelson R. National Innovation System：A Comparative Analysis［M］．London：Oxford University Press，1993.

系统分为传统部门、机械行业、汽车行业、计算机主机行业和软件行业5种类型。① 从理论研究和发达国家发展实践来看，协调高效的国家创新体系已成为新时代的主要发展动力，也是高质量发展动力源的核心组成部分。

在经济增长方式向创新驱动型转变的时期，区域创新体系对区域经济高质量发展具有重要意义。库克等（1996）在《区域创新系统：在全球化世界中的治理作用》一书中对区域创新系统做了明确定义，指出区域创新系统是在一定地理范围内频繁且密切地与区域内创新主体的创新投入相互作用的组织网络与运行机制，其理论引发了学界对区域创新系统的研究。② 丁焕峰和周艳霞（2017）从创新驱动经济增长的视角构建指标评价体系，测评了各地级市的经济增长质量。③ 李新安（2020）实证分析了区域创新能力对经济发展质量提升的驱动作用。④ 杨武（2021）指出，创新创业是带动实体经济高质量发展的动力源泉、中坚力量，其促进区域经济快速增长。⑤

1.1.2 创新驱动发展已成为国家战略

综观全球国家、民族之间的竞争，本质上是生产力的竞争，核心是科技创新能力的竞争。中华人民共和国成立以来，我国的创新发展经历了多个阶段，我国在不断探索自主创新道路。

（1）我国自主创新的演进过程

从中华人民共和国成立到改革开放前，我国在国防科技、基础工业和

---

① Breschi S, Malerba F. Sectoral Innovation Systems: Technological Regimes, Schumpeterian Dynamics, and Spatial Boundaries [A] //In Edquist, C. (ed.). Systems of Innovations London: Pinter, 1997.

② Cooke P, Braczyk H J, Heidenreich M H. Regional Innovation Systems: The Role of Governance in the Globalized World [M]. London: UCL Press, 1996.

③ 丁焕峰，周艳霞．创新驱动视角下中国城市经济增长质量时空演变研究［J］．经济问题探索，2017，8（421）：84-91.

④ 李新安．区域创新能力对经济发展质量提升的驱动作用研究［J］．企业活力，2020（2）：65-74.

⑤ 杨武．深化创新创业赋能实体经济高质量发展［J］．人民论坛，2021（Z1）：59-61.

轻工业等领域开展了创新探索，涌现出“两弹一星”、第一台电子计算机等大批重大科技成果。但“文化大革命”时期，科技发展受阻，整体科技水平不高，我国科技水平和发达国家之间的差距进一步扩大。在1978年全国科技大会上，邓小平从理论上阐述了科学技术是生产力的马克思主义观点。1988年9月，邓小平在会见捷克斯洛伐克总统时提出了“科学技术是第一生产力”的重要论断。1992年，邓小平发表南方谈话，再次强调：科学技术是第一生产力。

改革开放之后，我国不断提高科技水平和创新能力，经济发展经历了三个阶段，即“比较优势”阶段、“比较优势+后发优势”阶段、“后发优势+自主创新”阶段，这与国内外经济高质量发展相关理论演进过程是一致的。

第一阶段，比较优势阶段。我国利用人口密集的比较优势，吸引了大量更多利用劳动力、少利用资本的产业，为国际市场提供了大量的廉价劳动力，使得经济取得了突飞猛进的发展。按比较优势发展的国家，尤其是发展中国家，积累率会高于发达国家。经过一段时间后，我国的产业结构和技术结构得到了大幅改善，但比较优势只在发展初期起作用，在我国劳动力成本上升之后，仅仅通过“比较优势”已经无法缩小和西方国家的差距。

第二阶段，2000年之后，我国开始采用“比较优势+后发优势”战略。发展中国家要在产业和技术结构方面追赶发达国家，通常会选择以引进成熟的技术和产业为主实现创新，既可以降低研发成本，也可以避免研发可能造成的失败。通过大规模、全方位的开放，世界先进的知识和技术“外溢”到中国。我国通过学习、模仿、引进再吸收，显著缩短了科技创新所需的研发时间，形成了较为完整的产业体系。我国从“知识外溢”中受益，知识和技术也不断接近技术前沿。

第三阶段，“后发优势+自主创新”阶段。从引进模仿到自主创新，是一个国家科技创新能力建设必经的过程。发达国家在各个产业所采用的技术大多处于世界先进水平，仅依靠模仿仍然存在差距，必须进行自主创新。尤其是2018年中美经贸摩擦之后，很多发达国家正在试图将“知识外溢”的通道封锁起来。我国科技创新已进入从引进技术向以自主创新为主转变的阶段。我国要成为世界创新体系的重要组成部分，就需要提高自主创新能力，在基础科学和底层技术上实现突破，实现技术封锁。习近平总书记多次指出，创新是引领发展的第一动力，要打造科技、教育、产业、金融紧密融合的创新体系。

在我国经济已由高速增长转向高质量发展的阶段，要切实提高经济运行质量，必须在“补短板”上下真功、见实效。党的十九大报告把“加快建设创新型国家”作为建设现代化经济体系的一个重要方面。习近平总书记强调：“健全国家创新体系，强化建设世界科技强国对建设社会主义现代化强国的战略支撑”，将创新体系建设的战略意义提升到科技强国和现代化强国建设的高度。建立与高质量发展相适应的国家创新体系和区域创新体系，是推进高质量发展的重要动力和主要抓手。

（2）“十四五”时期创新驱动占据核心地位

2020 年 5 月 14 日，习近平总书记在主持召开的中共中央政治局常务委员会会议中指出，要深化供给侧结构性改革，充分发挥我国超大规模市场优势和内需潜力，构建国内国际双循环相互促进的新发展格局。要加强科技创新和技术攻关，强化关键环节、关键领域、关键产品保障能力。

“十四五”规划纲要明确提出，“坚持创新在我国现代化建设全局中的核心地位，把科技自立自强作为国家发展的战略支撑”。“十四五”时期要加快构建以国内大循环为主体、国内国际双循环相互促进的新发展格局，需要科技创新引领和支撑。高水平的自立自强是把握新发展阶段、贯彻新发展理念、构建新发展格局的客观要求。加强自主科技创新，才能实现“双循环”供给侧结构性改革，破除产业链断供关键难题。在新的历史时期和国际环境下，中国必须要有更强的自主创新能力，补足存在的短板，维护产业链、供应链的安全稳定，提升产业基础能力和产业链现代化水平。

在原有的国际分工体系中，我国“两头在外”导致国际循环存在梗阻。我国科技创新受制于人，关键核心技术被“卡脖子”，无法占领产业链的制高点。新发展格局要求新的发展动能，从我国发展进程看，科技创新必将是我国未来获得持续增长动力的重要因素。要实现科技自立自强，就需要建立更加自立的科技体系，在国际竞争中获得竞争优势。

实现高水平的自立自强，要立足科技创新，深化科技体制改革，优化创新生态，以创新驱动发展和建设世界科技强国目标为引领，优化创新链与产业链的精准对接机制，取得科技领域的尖端突破和重大进展，真正解决中国经济与社会发展的重大科技问题。科研机构，尤其是国际一流科研机构，在推动科技自立自强、加快科技成果转移转化过程中将发挥重要作用。

1.2 科研机构：创新驱动发展的生力军

科技发达国家的经验表明，科研机构是一个国家科技水平的重要体现，是战略科技力量的核心主体和重要支撑。中华人民共和国成立后，我国科研机构经过多轮改革，使命定位和发展布局发生了变化，尤其是改革开放后，科研机构体系经过不断改革创新探索后初步成形。然而我国科研机构体系和国际先进国家和地区相比仍有差距，需要进一步完善和优化。

1.2.1 发达国家的重要科技支撑

从全球视角看，国家战略科技力量是赢得全球竞争优势的关键。建设创新强国，需要大批有创新能力的载体，包括大学、科研机构、创新企业等。国家实验室和世界一流科研机构，更是国家战略科技力量的重要载体。国立科研机构已成为美国、英国、德国等发达国家科研体系的重要组成部分和科技成果产出的重要载体。科技发达国家的科研机构基本代表了各国科技的最高水平，其聚焦于新兴、交叉、综合性的前沿科学问题，担负着引领科技发展的重要使命。

包括政府科研机构、高校科研机构、企业科研机构和非营利科研机构在内的美国科研机构，为美国科技水平突飞猛进提供了重要支撑。政府科研机构和国家实验室是美国科研活动的基础力量，美国国防部、能源部、国家航空航天局、国立卫生研究院，以及美国国家自然科学基金会等部门成立的科研机构，是美国科技创新的中流砥柱。如美国能源部国家实验室，属于美国顶级的科研机构系统，一定程度上代表了美国在科学和能源领域科研实力的最高水平。美国高校主要从事基础科研工作，并在产业化方面起着重要作用。如麻省理工学院林肯实验室是美国大学中第一个大规模、跨学科、多功能的技术研究开发实验室，研发能力和产业化能力得到了国际认可，获得了“全球百大科技研发奖”等多项奖项。美国企业界的科研机构，主要从事产品和工艺紧密结合的研究工作，包括贝尔实验室、美国通用电气公司、杜邦化工研究所等。通用电气目前已在美国、印度、中国、德国等多地成立实验室，为通用电气业务部门提供技术服务，是通用电气产品创新和技术创新的重要力量。非营利科研机构也是美国科研体系的重要组成部分，包括非政府组织和私人建立的科研机构等。

由政府研究机构、高校、非营利机构、企业等组成的德国科研机构体系，涵盖了基础研究到应用研究的各个方面，是德国国家创新体系的重要支撑。其中，非营利科研机构是德国最重要的基础和前沿领域的科研力量，是德国长期战略性重点基础研究项目的主要承担者，主要有马普学会、弗劳恩霍夫协会、亥姆霍兹联合会、莱布尼茨学会和德国几大知名研究院。马普学会以基础研究为主，具有跨学科研究氛围，主要针对需要长期进行且不适合高校研究的领域。弗劳恩霍夫协会以应用研究为主，主要服务德国中小企业。亥姆霍兹联合会有明确的国家任务导向，以未来应用的基础研究为主，为德国科技发展做出了重大贡献。莱布尼茨学会将基础科学研究与应用相结合，研究领域涵盖自然科学、工程科学、环境科学、经济科学、社会科学等。德国坚持“科学研究自由”的原则，非营利科研机构经费虽然来自德国联邦和州政府拨款，但多以“基金会”“社会组织”的形式出现，具有自主管理权。

1.2.2 中国的国家战略科技力量

“十四五”规划纲要强调，要强化国家战略科技力量。以国家战略性需求为导向推进创新体系优化组合，加快构建以国家实验室为引领的战略科技力量。支持发展新型研究型大学、新型研发机构等新型创新主体，推动投入主体多元化、管理制度现代化、运行机制市场化、用人机制灵活化。

打造国家战略科技力量对于我国更好地构建新发展格局至关重要。构建新发展格局，需要加强对接基础研究和应用基础研究成果，加大对战略高新技术研发的支持力度，找准源头性技术创新领域，着力攻破关键核心技术，形成关键核心技术举国攻坚体制，抢占事关长远和全局的科技战略制高点。科研机构尤其是新型科研机构在推动构建新发展格局、实现基础研究和应用研究的连接、突破关键技术等方面，将起到重要作用。在新发展阶段，我国科研机构，尤其是国家科研机构，将进一步深化改革，走出一条有中国特色的科技发展道路，继续担当国家战略科技力量的重要载体。

中华人民共和国成立以来，我国科研机构一直发挥科技创新主力军作用，中国科学院是其中的典型代表。中国科学院自 1949 年成立以来，一直是不可替代的国家战略科技力量，是我国科研机构体系的核心，也是我国在国际科技前沿的重要代表，目前在全球机构/大学学术排名中位居榜首。1949 年，我国参照苏联科学院模式成立了国家级科研机构——中国科学院，承担国家重点研究机构和全国学术领导机构的职能。1954 年，中国科学院不再行使管理全国科研工作的权力，回归国家科技研发机构的单一职能。1958 年，我国合并科学规划委员会和国家技术委员会，建立国家科学技术委员会、国防科学技术委员会的体制，形成了中国科学院、高等院校、国务院各部门研究单位、各地方科研单位、国防科研单位等条块内部自成体系、条块分割和资源分散的科研机构体系。国家及部门科研机构的计划由国家统一下达，研究经费统一拨给，人才和物资供应统一调配，保证了科技计划的顺利实施。中华人民共和国成立初期，这种体制对奠定研究基础和积累研究经验有重要意义。“文化大革命”时期，全国大多数科研机构的科技工作处于瘫痪状态，科技发展陷入低谷。

1977 年，国务院再度成立中华人民共和国国家科学技术委员会，全国科技事业逐步恢复。1978 年全国科学大会后，科研体系和科研机构迎来了科学的春天。一系列科技规划、科技计划相继实施，科技事业在改革中重新发展壮大。此后，我国科研机构体系先后经历了调整与恢复期和三轮改革期。

一是调整与恢复期（1978—1984 年）。1978 年 3 月，全国科学技术大会召开，我国科技体制和科研机构开始恢复。1978 年，我国制定了《1978—1985 年全国科学技术发展规划纲要》，确定了农业、能源、材料、电子计算机、激光、空间、高能物理、遗传工程等 8 个影响全局的综合性科学技术领域和 108 个重点研究项目。国家增加了科技投入，并基本形成了由中国科学院、产业部门、地方和高校科研机构、国防科研机构、企业科研机构组成的科研体系。

二是第一轮改革期（1985—1994 年）。1985 年 3 月，《中共中央关于科学技术体制改革的决定》提出，科学技术面向经济建设，经济建设依靠科学技术。国家鼓励科研机构发展成为新型的科研生产经营实体，支持发展不同所有制形式的科技机构，先后出台了一系列针对性的科技计划，如 863 计划、火炬计划、星火计划等。国家科研机构在科技体制改革中发挥了示范作用，中国科学院在全国率先实行所长负责制，成立开放实验室，设立科学基金。1985 年，我国以中国科学院科学基金为基础成立了国家自然科学基金委员会，管理全国基础研究工作。

三是第二轮改革期（1995—2005 年）。这一阶段，我国先后出台了《中共中央、国务院关于加速科学技术进步的决定》《中共中央、国务院关于加强技术创新，发展高科技，实现产业化的决定》等文件，全面实施科教兴国战略，实施 211 工程、973 计划、知识创新工程、985 工程等。国家积极推动国家部委所属技术开发型研究院所进行整体企业化转制，推动产学研结合，基本形成了国家创新体系的战略布局。

四是第三轮改革期（2006 年至今）。这一阶段，我国先后出台了《关于实施科技规划纲要增强自主创新能力的决定》《关于深化科技体制改革加快国家创新体系建设的意见》《国家中长期科学和技术发展规划纲要（2006—2020 年）》等文件，建设创新型国家成了我国战略重点，成为世界科技强国是我国重要的发展目标。科研机构进行分类改革，公益类科研机构、基础研究类科研机构和技术开发类科研机构的定位和改革方向得到了明确，民办科研机构发展也得到了相关政策支持。相关文件强调，充分发挥国家科研机构的骨干和引领作用，建立健全现代科研院所制度，制定科研院所章程，完善治理结构，进一步落实法人自主权，探索实行由主要利益相关方代表构成的理事会制度。

《中国科学院 1950 年工作计划纲要（草案）》中提到，1950 年我国大约仅有 700 名从事科学研究且有一定成就的自然科学家，科研机构不足 200 个。自开启科技体制改革后，我国科研机构的总体改革导向就是进行转制和市场化，从而减轻政府财政负担，并促进科技和经济的有效结合。经过多年发展，中国科研机构及其所取得的成就，为新中国科技事业的蓬勃发展奠定了坚实的基础。然而科研机构在发展过程中仍面临诸多问题，很多转制科研机构对科技创新的支撑作用有待提高，经济与科技“两张皮”问题没有根本解决，基础研究与应用开发彼此脱节，尤其是科技成果转化难题亟须解决。

1.3 科研机构成果转化的三大困境

中华人民共和国成立以来，我国科学研究基本沿用了布什的科研三段式范式理论，① 从基础研究到应用研究再到开发研究是一个单向的线性过程，虽然增强了基础研究的作用，但前期并未将市场因素考虑进去，研究成果难以实现转化。改革开放后，科研与市场脱节的现象日渐明显，加强科技成果转化已成为科技管理的重要内容。我国政府在 20 世纪末加大了推动科技成果转化的力度，陆续出台了一系列政策。如 1999 年 3 月，国务院办公厅转发科技部等部门《关于促进科技成果转化若干规定》的通知，鼓励科研机构、高等学校及科技人员转化科技成果。同年 8 月，国务院印发了《关于加强技术创新，发展高科技，实现产业化的决定》，就实现产业化的政策环境做了重要部署。但由于原有体制惯性、改革的艰巨性等原

① 1945 年，美国科学研究发展局主任范内瓦·布什向罗斯福提交了一份关于第二次世界大战后美国科学研究计划的报告《科学——没有止境的前沿》，描述了“基础研究—应用研究—产品开发”的线性科研模型，并指出了一条美国战后科学发展的路径，即“美国基础研究—美国应用研究—美国开发研究”。

因，科研机构在科技成果转化过程中仍存在很多突出的共性问题，包括行政化管理、产学研协同创新不足等，严重影响科研成果转化。

1.3.1 “去行政化”困难

科研机构投资主体单一，多为政府部门，管理模式为传统事业单位管理，由此导致行政化问题，影响科研机构发展。改革开放以来，虽然部分科研机构开始探索“去行政化”，但仍面临重重困难。

（1）科研机构的“行政化”本质

科研机构“行政化”是指公立科研机构的组织架构及运作方式与行政机关类似，按照行政手段和方式来管理科研机构，在一定程度上可以将科研机构看作行政机构。

一方面，政府对科研机构的行政化管理过于严格。我国科研体制是计划经济时期模仿苏联建立的，科研单位分为各种行政级别，如省级、部级、厅级等，相应级别对应着相应的科研人员待遇和地位。大多科研事业单位几乎等同于政府附属机构，领导的选拔权、任命权、考核权均为政府负责，这也是为了更好贯彻“党管干部”的原则。如中科院研究所级别多为正厅级，任命方式也多为行政任命。

另一方面，科研机构内部管理存在较为严重的行政化。从内部人事安排到项目审批，大多数科研机构实行自上而下的行政化，整体运作机制和行政机构类似。科研经费申请、业绩考核在很多科研机构也由院长、所长负责，内部缺少自由开放的学术研究氛围。科研机构的“重立项、轻研究”以及评奖“过多过滥、跑奖要奖”等问题，容易滋生科研腐败，已经引起国家的高度关注。部分科研机构的研究人员在申请到课题资助后，尚未开展研究，就因申请到课题而功成名就，便不再进行研究。

（2）科研机构“去行政化”面临的困难

1996 年，中央机构编制委员会办公室发文指出要公立科研机构“去行政化”，逐步取消事业单位的行政级别。“去行政化”就是破除科研机构内部的行政化管理体制和运作模式，建立与科研活动规律匹配的管理模式。但政府与科研机构关系错位，科研机构自主治理权异化与缺失，科层制下官僚文化衍变的制度惯性，都导致“去行政化”非常困难。

在国家积极推动取消事业单位行政级别和行政化管理的同时，部分科研机构新入职员工仍具有行政级别。有些单位本身没有行政职能，但属于参照公务员管理的机构，双重属性使得“去行政化”更加困难。如上海科学研究所自2010年开始积极推动事业单位改革，但在改革进程中遇到了诸多瓶颈。南方科技大学一直探索“去行政化”、以追求学术卓越为主的管理模式，但很难实现。其前任校长朱清时接受采访时指出，去掉行政级别之后，政府和相关教育部门面对没有级别的南方科技大学，会觉得凡是可以管的事情都要来管，还会按照行政部门对教育的理解来管。

专栏 1-1　《经济观察报》：朱清时的大学“去行政化”试验①

2009年9月10日，历时一年多的南方科技大学校长全球遴选落幕，中国科学技术大学前校长、中国科学院院士朱清时从全球200多名候选人当中脱颖而出，成为该校的创校校长，这也标志着南方科技大学的创校正式拉开帷幕。

“教育体制行政化”，从1994年到大学工作，再到2009年接受南方科技大学校长一职，朱清时用了10多年才思考清楚中国大学教育弊端的根本所在，并力图革新。但此时的南方科技大学尚未拿到“出生证”，为此，朱清时不停地接受全国大小媒体的采访，并提倡大学“去官化”“去行政化”“教授治校”。香港科技大学丁学良教授评价说，朱清时在向社会传达他的思想。

朱清时和他背靠的深圳力图在短期内将南方科技大学建成一所实力雄厚的研究型大学，但这样的奇迹，世界教育史上只出现过一次——不到15年时间就办成世界一流研究型大学的香港科技大学。朱清时非常想参照香港科技大学的成功经验，但香港科技大学创校校长吴家玮却说，不可能，但可以想象。

① 申兴，廖杰华．朱清时的大学“去行政化”试验［N］．经济观察报，2010-03-01(037)．

“大学教授们没有话语权，只能去迎合权力，或者主动去做官。特别是最近这十多年，大学行政化越来越严重，学术精神萎缩得很快。”朱清时说，十多年前，给教授一个行政职务，他还会犹豫，怕耽误了学术。现在呢，一个副处长、处长的职位都会有好多教授去竞争。在行政化的教育体制下，大学里追求卓越的风气变成了追求官位，崇尚学术变成了崇尚权力，权力变成学校运转的中心了。

从这时起，朱清时开始树起“去行政化”的大旗，试图让大学重新恢复大学的本来面目。朱清时说，大学需要自治，在他看来，大学被行政化，最重要的原因就是外界行政权力干预学校，症结在于大学的领导干部任命制度。“我们筹办南方科技大学，首先就是认认真真制定章程。我到处请专家帮我们来制定章程，而且将由深圳人大会议通过这个章程。深圳是特区，有立法权。这样我们将来就可以依法治校，行政权力在大学章程面前要止步，因为这部章程是有威慑力的，是有惩处力的。大学要自治必须要有法律依据。在政府出资办学的背景下，大学自治一定要有法律依据，才能保护自治权利。”

朱清时还设想，行政人员在南方科技大学将还原他们本来的定位——他们是为学校、为教授服务的。所以南方科技大学的行政人员将没有任何行政级别，他们都是像秘书一样的办事员。

包括深圳市政府在内的许多人对还在筹备中的南方科技大学充满期待，但有了深圳大学不太成功的先例，一些人也格外冷静。在深港产学研基地副主任张克科看来，未来的南方科技大学面临着许多类似的问题，“第一，南方科技大学的创新和当初深圳大学的改革创新不是一样的吗？二十年之后深圳大学走过的怪圈，如今的南方科技大学能不能走出去？第二，现有教育体制的限制在深圳大学和南方科技大学身上会不一样吗？南方科技大学能不能跳出教育部的规章？第三，南方科技大学用的是深圳纳税人的钱，在招生过程中，好学生能不能来，深圳的学生还要不要兜底？”张克科说，要是能突破，为何不让深大去突破。

张克科认为，“南方科技大学要高起点地走向成功，一是要跟国内外最好的学校、最好的专业做短、平、快的嫁接，请你的老师做我的客座教师，我的学生放到你那里去培训，将来回来就成我的新老师；二是每一个领域都在国际上选最好的，通过嫁接的方式，形成各具特色的新枝。但这一定要让深圳市政府给空间，要办成在深圳的国际性大学，而不是深圳人的大学。”

1.3.2 运行模式制约发展

由于科研机构目标定位不明、部分科研项目经费存在腐败现象以及各部门项目经费协调存在弊端等原因，科研机构的运行模式存在瓶颈，导致科研机构改革进展缓慢，尤其是部分技术研究型和社会公益类科研机构发展受到较大限制。

（1）科研机构目标定位不明

我国科研机构主要分基础研究、前沿技术研究和社会公益研究三类，但很多科研机构存在职责定位不清、力量分散、创新能力不强等问题。针对这些问题，国务院2006年发布了《国家中长期科学和技术发展规划纲要（2006—2020年）》，文件指出，社会公益类科研机构要发挥行业技术优势，提高科技创新和服务能力，解决社会发展重大科技问题；基础科研和前沿技术科研机构要发挥学科优势，提高研究水平，取得理论创新和技术突破，解决重大科学技术问题。

在多项政策推动下，前沿技术研究类和社会公益研究类科研机构转制改革，但出现了一些新的问题。大量技术研究类科研机构在转企改制过程中，背离自身属性和特点，存在过度市场化、盲目转企等现象。部分已经不具有公益性的技术研究型科研机构仍属于社会公益类，造成了管理混乱的现象。部分社会公益类科研机构既承担着政府职能和相应的科研任务，履行公益服务职能，又需要承担成果转化的职能，目标定位有待明确。

2001年黑龙江省科技厅牵头8厅局联合发文，省属24个科研单位将改革转制为企业，并在5年内完成企业法人登记。2016年黑龙江省科学院专家在研究这些科研机构的转企效果后指出，这些科研机构转企失大于得，24 家科研机构身份未定，既非事业单位，又非企业法人，管理归口难，社会角色定位不准，而且，这些科研机构放弃了擅长的基础性研究和技术集成再创新，和相关企业关系发生了变化，由技术成果的输出者变成竞争者。

（2）科研项目经费预算不科学

根据经费来源，科研机构的项目分为纵向项目和横向项目。纵向项目是指科研机构从政府获得的科研项目，包括国家级、省部级、市级等层面的项目；横向项目是指科研机构从企业等市场化渠道获得的项目。

科研项目经费分为直接费用和间接费用。直接费用包括资料费、数据采集费、会议费、差旅费、国际合作交流费等支出。间接费用是指承担单位在组织实施项目过程中发生的无法在直接费用中列支的相关费用，主要用于补偿承担单位为项目研究提供的现有仪器设备及房屋、水、电、气、暖消耗等间接成本，有关管理费用，以及激励科研及相关人员的绩效支出等。

在现有科研经费管理体制下，经费报销流程烦琐，存在很大困难，科研人员陷入财务和管理的双重困境，很多科研人员为报销经费几乎变成了专业会计。科研机构在开展科研项目经费预算过程中存在严重的目标性不强问题，不能全面反映科研成本，很多科研机构没有将预算纳入经费管理体系中，使得预算改革遇到了严重的瓶颈。

国家级纵向项目对劳务费、会议费等费用有一定的额度限制，预算科目有待优化。同时，很多横向合作项目基本由课题负责人决定，导致部分科研经费成为变相收入补贴。2013 年 10 月，新华网在《部长因何而怒？——从 39 份审计报告看科研腐败“黑洞”》报道中梳理了 2010—2012 年的审计机关对国家各部委、各省份预算执行和其他财政收支情况发布的数百份年度审计报告，发现了涉及“问题科研经费”的诸多问题。如部分科研机构将科研经费用于发工资奖金、办公经费、无关人员的会议费等。2009—2011 年，中科院生物物理所在科研经费中列支工资福利费等 1278. 1 万元，其中 2011 年发生 532. 3 万元。2011 年，中科院地理科学与资源研究所在碳专项项目中列支无关人员会议费、考察费等69.18万元。

（3）项目经费部门间协调存在弊端

大部分科研机构都有多个部门共同参与的大型科研项目，对于属于打包项目的资助项目而言，这些项目的经费预算存在项目之间分配不合理现象。一些项目经费严重不足，同时又有一些项目经费存在剩余，项目执行过程中需要多次对预算进行调整，大大降低了经费执行率。

项目经费在争取、下达和执行过程中各部门之间的协调存在弊端。课题组、财务部门和科研管理部门之间缺乏有效的配合，课题组重视项目经费的争取，忽视了项目经费使用的合理性；财务部门在不了解科研项目背景和进展的情况下，无法对经费使用情况进行有效监督管理；科研管理部门注重项目的申报和立项等工作，同样忽视了对项目经费使用的管理。

在存在多个部门共同执行的重大项目中，会存在各部门争取自己部门利益最大化的情况，使得科研机构的整体效益不能得到有效的兼顾。部分大型科研机构总部与下属科研院所之间相对独立性更强，双方都是独立法人，也都设有自己的财务管理机构，财务组织架构不合理也容易使得项目经费协调存在困难。我国亟须推动“放管服”，改革和创新科研经费的使用和管理，改进部门间的协作问题。

1.3.3 市场需求难以对接

产学研协同创新是国家创新体系的重要内容，科技成果转化的最终目的是和市场对接，进行产业化和市场化，但高校、科研机构和市场对接动力相对不足，产学研深度融合较为困难，科技成果转化专业人才、政策激励有待加强，科研机构和市场对接力度整体有待提高。

（1）高校、科研机构和市场对接动力不足

科研机构和高校是科技创新的主力军，培养高水平科研人才队伍和提高自身科研能力，是高校和科研机构的重要使命。但高校和科研机构存在严重的“重论文、轻应用”“重申报、轻成果”问题，导致与市场对接的动力不足，可转化的科技成果产出不足。

科研机构论文导向现象严重，减少了科研人员的市场化动力。很多科研机构在内部考核和职称评审中，都将论文和科研项目作为评选的主要指标，自然基金等国家级纵向项目已成为很多科研人员评定人才政策和职称晋升的必备项目，很多科研人员一年中有几个月的时间都用在申请基金、写本子、参与评审上。论文和项目申报挤占了科研人员的大量科研时间，而和市场需求关系密切的横向项目价值很难得到体现，科研机构支撑经济社会发展的重要功能没有得到充分体现。

《全国科技工作者状况调查报告（2003 年）》显示，科研成果转化为产品或者应用于生产的项目数，人均为 0.78 件，其中成果转化为产品或者应用于生产的项目数为零的占 74.5%。科技工作者认为科技成果转化为现实生产力的成效一般，从事基础研究和教学的科研人员大多认为成果转化的成效一般，科研机构缺少和市场对接的动力。

（2）产学研深度融合相对困难

近年来，我国全面实施创新驱动发展战略。从党的十八大以来，产学研协同创新越发重要，已成为国家创新体系建设的重要组成部分。2013 年党的十八届三中全会指出，深化科技体制改革，建立健全鼓励原始创新、集成创新、引进消化吸收再创新的体制机制，建立产学研协同创新机制。产学研深度融合需要依托协同创新联盟或共同体，政府要搭建产学研协同创新的服务平台。我国产学研合作规模不断扩大，但产学研协同创新方面仍存在各方动力和能力难以对接的问题。

科技成果转化供需不对称。高校和科研机构的大部分科研人员更注重科技成果的学术价值，主要是以形成理论成果、发表高水平论文和申请专利作为开展科研工作的主要任务。大量科研工作从立项之初就没有将市场因素和产业化作为主要考量因素，也导致大部分科研成果仍停留在理论层面，无法和企业及市场需求对接。科技成果供需之间存在信息不对称，导致科技成果走不出实验室，很多科技成果只能做到样机或初级产品阶段，大多不能“即时转化”；需要科技成果的企业找不到实验室，企业对科技成果“接不住、用不了”。

传统科研机构学科单一，很难对接市场多学科合作的需求。随着全球科技竞争的日益加剧，科技成果的综合性和复杂性越来越高，科研机构面临多学科交叉和多种知识融合的复杂技术问题。统计数据表明，在近 100 年的 300 多项诺贝尔自然科学奖中，有近半内容是跨学科交叉研究的成果。科研体制改革也推动了学科交叉，科研机构只有加大跨学科研究，才能对接科技和市场需求。

（3）科技成果转化专业人才、政策激励有待加强

“重学术、轻转化”现象严重。大量科研机构缺少既懂得成果转化，又具有市场和法律等专业知识的综合人才。同时，绝大多数科研机构没有将科技成果转化纳入考核体系，仍然以论文和纵向项目为主，高校和科研机构仍存在“重学术、轻转化”现象。

科技成果转化制度性激励缺位。科技成果转化的制度性激励动力机制仍未建立，一方面，政策建设与政策执行错位，相关政策执行的实施细则没有明确操作指引；另一方面，科技成果转化政策体系已较为完善，但相关制度的配套性仍有待加强，包括财税和人事等政策。

科技中介服务体系不完善。科技咨询培训、科技孵化服务体系、技术创新服务体系、投融资服务体系等科技中介服务体系，在推动企业科技进步和提高科研机构创新能力方面具有重要作用。目前，科技中介服务机构大多存在服务功能较为单一和服务水平较低等问题，缺少较为权威的科技成果评估机构和信用评价机构，科技中介服务不成体系也使得其为科研机构的科技成果服务力度有限，严重限制了科技成果的转移转化效率。此外，科技中介机构市场导向性差，政府依附性强，导致大量科技中介资源浪费。

要建成一流的世界级科研机构，推动科研机构在国家创新体系中发挥重要作用，仍需进一步探索科研机构的改革之路，从体制机制上进一步深化改革。

第 2 章

中国科研机构的转型之路：科研范式变革

· 随着新一轮科技革命和产业变革同人类社会发展形成历史性交汇，科学技术越来越成为推动经济发展的重要力量，传统意义上的基础研究、应用研究、技术开发的边界逐渐模糊，我国新型研发组织开始涌现。

· 在国家创新驱动发展战略、科技体制改革赋予制度创新空间等因素的带动下，各地充分借鉴国内外新型研发机构的发展经验，“新型科研机构”“新型研发机构”在全国如井喷般出现。国家及地方政府也纷纷出台新型科研机构政策，支持新型科研机构发展。

· 新型科研机构是随着我国科技进步、产业转型升级与经济结构转型应运而生的新生事物，是致力于产业共性技术研发和成果转化的一种新型研发组织。新型科研机构在管理体制和运行机制等方面非常灵活，在科技成果转化、培养创新人才等方面具有鲜明的时代特点。

2.1 科研机构改革势在必行

我国科研机构改革是自身发展的需要，尤其在科技革命和产业变革的推动、企业需求和市场需求的拉动、全面深化科技体制改革的带动下，传统科研机构逐渐开始转型，寻求新的创新发展模式，并逐渐发展成为“新型科研机构”。

2.1.1 科技革命和产业变革的推动

（1）科技革命和产业变革推动创新驱动发展战略实施

近现代以来已先后发生了五次重大科技革命，历次科技革命均表明，新的科技能够直接推动新兴产业的进程。21 世纪，各种前沿技术兴起，新一代信息技术、新能源技术、新生物医药技术、新材料技术等领域不断涌现出大量颠覆性的技术创新，科技创新带来了新一轮的产业变革，推动了全球创新格局的变化。

随着新一轮科技革命和产业变革的推进，我国科技创新能力得到了大幅度提升。从《全球创新指数报告》看，2012 年我国全球创新指数排名第 34 位，2020 年已升至全球第 14 位，是前 30 名中唯一的中等收入经济体。在 2020 年《全球创新指数报告》中，我国专利、商标和工业产品外观设计等知识产权指标保持世界领先地位，并在生产率增长、创意产品出口等多个指标方面位居世界前三。我国在科技创新能力提升的同时，科技创新也从量的增长转向质的提升。

2014 年，习近平总书记主持召开中央财经委员会第七次会议强调，加快实施创新驱动发展战略，加快推动经济发展方式转变。新一轮科技革命和产业变革正在孕育兴起，只有不断推进科技创新，不断解放和发展社会生产力，不断提高劳动生产率，才能实现经济社会持续健康发展。此后，习近平总书记多次强调“科技创新已经成为提高综合国力的关键支撑”，“瞄准世界科技前沿引领科技发展方向，抢占先机迎难而上建设世界科技强国”。当前，我国正处于新一轮科技革命和产业变革同转变发展方式的历史性交汇期，既面临着千载难逢的历史机遇，又面临着差距拉大的严峻挑战。党的十九届五中全会明确了创新在引领经济社会发展中的重要地位，标志着创新驱动作为一项基本国策，在新时代发展进程中将发挥越来越重要的战略支撑作用。

（2）创新驱动战略推动了科研机构改革

创新驱动战略营造了良好的创新环境。在新一轮科技革命和经济发展亟须转型的背景下，我国适时推进创新驱动发展战略，激发了创新活力，营造了创新氛围，科技创新支撑能力备受认可，创新促进发展深入人心。

在创新驱动发展战略的实施下，要突破技术瓶颈，形成跨界融合、增强产业持续创新能力，就必须推动传统动能改造升级和新动能成长壮大，推动中国经济长期保持中高速增长。要在新一轮全球竞争中占据主动地位，我国必须加强基础研究和应用研究，把基础研究与应用研究有效结合，推动科技与产业贯通，加速科研成果转化为现实生产力，为创新驱动发展提供更多源头活水。

习近平总书记在最近几次的两院院士大会上强调，科研院所要根据世界科技发展态势，优化自身科技布局；要坚持科技创新和制度创新“双轮驱动”，明确企业、高校、科研院所创新主体在创新链不同环节的功能定位，激发各类主体创新激情和活力。当前，国内很多科研机构开始聚焦于人工智能、量子科学、基因编辑、新材料、新能源等关键领域，传统科研机构发生变革，形成了以新型科研机构为单元的具体发展模式，形式多样的新型科研机构有效组合了创新要素，形成了新的创新生态。

2.1.2　企业需求和市场需求的拉动

（1）企业和市场对技术的高要求拉动科研机构改革

新技术、新产品和新市场会催生新的产业，驱动科技创新，科技进步激发产业革命，催生新的生产方式。新的生产方式和生活方式催生新的市场需求，进一步拉动科技发展，推动世界一流大学和科研机构集聚。

当前我国在很多高技术领域，存在受制于人和“卡脖子”现象。国外对关键技术的专利壁垒、技术封锁、产品进出口限制等，导致我国大量高技术企业核心技术被“卡脖子”，引发了企业生存和产业发展的重大挑战。以美国对中兴和华为的技术制裁为例，大量相关企业面临生存问题。企业和市场对新技术和核心技术具有非常强的需求，这就要求企业加大研发力度、高校和科研机构提高技术水平。科研机构需要遵循科研规律，加大基础研究布局，围绕当前的重大需求进行研究。2020 年，科技部、国家发改委等五部门印发《加强“从 0 到 1”基础研究工作方案》的通知，鼓励企业与高校、科研机构共建各类研究开发机构和联合实验室，推动科研院所与高等院校围绕企业技术创新需求，解决企业发展中面临的重大科学问题和技术难题。

专栏 2-1 《科技日报》2018 年报道的 35 项卡脖子技术概况

1. 制造芯片的光刻机。中国生产的最好的光刻机，加工精度是 90 纳米。国外已经做到了十几纳米。

2. 芯片。低速光芯片和电芯片已实现国产，但高速光芯片仍全部依赖进口。国外最先进芯片量产精度为 10 纳米，我国只有 28 纳米，差距两代。在计算机系统、通用电子系统、通信设备、内存设备和显示及视频系统中的多个领域中，我国国产芯片占有率很低。

3. 操作系统。3 家美国公司垄断手机和个人电脑的操作系统。数据显示，2017 年安卓系统市场占有率达 85.9%，苹果 IOS 系统市场占有率为 14%，其他系统仅占 0.1%，这 0.1%也基本是美国微软的 Windows系统和黑莓系统。

4. 航空发动机短舱。航空推进系统最重要的核心部件之一，我国尚无自主研制短舱的专门机器。

5. 触觉传感器。工业机器人核心部件，中国 100 多家企业中，几乎没有传感器制造商进行触觉传感器的生产。日本阵列式传感器能在 10 厘米×10 厘米大小的基质中分布 100 个敏感元件。

6. 真空蒸镀机。OLED 面板制程的“心脏”。日本 Canon Tokki 独占高端市场，Canon Tokki 能把有机发光材料蒸镀到基板上的误差控制在 5 微米内。目前我国还没有生产蒸镀机的企业。

7. 手机射频器件。信号发送和接收的基础零件。高端市场基本被 Skyworks、Qorvo 和博通 3 家企业垄断。

8. iCLIP 技术。一种新兴的实验技术，是研发创新药的最关键技术之一，国内实验室极少有成熟经验。

9. 重型燃气轮机。我国具备轻型燃气轮机自主化能力，重型燃气轮机仍基本依赖引进。国际上主要是美国 GE、日本三菱、德国西门子、意大利安萨尔多 4 家企业掌握该技术。其与中国合作都附带苛刻条件：设计技术不转让，核心的热端部件制造技术也不转让，仅以许可证方式许可本土制造非核心部件。

10. 激光雷达。一种自带光源的传感器，是自动驾驶汽车的必备组件。目前几乎都是美国 Velodyne 的产品，其占八成以上市场份额，国产没有话语权。

11. 适航标准。航空发动机的标准体系，国际上，以 FAA 和欧洲航空安全局（EASA）的适航审定为主。

12. 高端电容电阻。中国是最大的基础电子元件市场，国内企业的产品多属于中低端，在工艺、材料、质量管控上，相对薄弱。

13. 核心工业软件。国产 EDA 与美国主流 EDA 工具相较，设计原理上并无差异，但软件性能却存在差距，主要表现在先进技术和工艺支持不足，和国外先进 EDA 工具之间存在“代差”。国外 EDA 三大巨头公司 Cadence、Synopsys、Mentor，占据了全球该行业每年总收入的 70%。

14. ITO 靶材。国外可以做宽 1200 毫米、长近 3000 毫米的单块靶材，国内只能制造不超过 800 毫米宽的。日式的月产量可达 30～50 吨，我国年产量只有 30 吨。

15. 核心算法。中国是世界第一大机器人应用市场，但高端机器人仍然依赖进口。由于没有掌握核心算法，国产工业机器人稳定性、故障率、易用性等关键指标远不如工业机器人“四大家族”发那科（日本）、ABB（瑞士）、安川（日本）、库卡（德国）的产品。

16. 航空钢材。起落架依靠特种钢材。目前使用范围最广的是美国的 300M 钢，国内用于制作起落架的国产超强度钢材有时会出现点状缺陷、硫化物夹杂、粗晶、内部裂纹等问题。

17. 铣刀。铣磨车最核心部件铣刀仍需从国外进口。

18. 高端轴承钢。高端轴承用钢的研发、制造与销售基本上被世界轴承巨头美国铁姆肯、瑞典 SKF 所垄断。前几年，它们分别在山东烟台、济南建立基地，采购中国的低端材质，运用核心技术做成高端轴承，以十倍的价格卖给中国市场。

19. 高压柱塞泵。2017 年中国液压工业的规模已经成为世界第二，但产业大而不强，尤其是额定压力 35MPa 以上高压柱塞泵，90% 以上依赖进口。

20. 航空设计软件。设计一架飞机需要十几种专业软件，这些软件全是欧美国家产品。国内设计单位要投入巨资购买软件。

21. 光刻胶。我国已成为世界半导体生产大国，但面板产业整体产业链仍较为落后。目前，LCD 光刻胶几乎全部依赖进口，核心技术至今被 TOK、JSR、住友化学、信越化学等日本企业垄断。

22. 高压共轨系统。中国是全球柴油发动机的主要市场和生产国家，而在国内的电控柴油机高压共轨系统市场，德国、美国和日本等企业占据了绝大份额。和国外先进公司的产品相比，国产高压共轨系统在性能、功能、质量及一致性上还存在一定的差距，成本上的优势也不明显。

23. 透射式电镜。目前世界上生产透射式电镜的厂商只有 3 家，分别是日本电子、日立、FEI，国内没有一家企业生产透射式电镜。

24. 掘进机主轴承。国产掘进机已接近世界最先进水平，但最关键的主轴承全部依赖进口。德国的罗特艾德、IMO、FAG 和瑞典的 SKF 占据市场较大份额。

25. 微球。2017 年中国大陆的液晶面板出货量达到全球的 33%，产业规模约千亿美元，位居全球第一，但面板中的关键材料——间隔物微球，以及导电金球，全世界只有日本一两家公司可以提供。

26. 水下连接器。目前我国水下连接器市场基本被外国垄断。一旦该连接器成为禁运品，整个海底观测网的建设和运行将被迫中断。

27. 燃料电池关键材料。国外的燃料电池车已实现量产，但我国车用燃料电池还处在技术验证阶段。

28. 高端焊接电源。我国是全球最大焊接电源制造基地，年产能已超 1000 万台（套），但高端焊接电源基本上仍被国外垄断。我国水下机器人焊接技术一直难以提升，原因是高端焊接电源技术受制于人。国外焊接电源全数字化控制技术已相对成熟，国内仍以模拟控制技术为主。

29. 锂电池隔膜。电池四大核心材料中，正负极材料、电解液都已实现了国产化，高端隔膜目前依然大量依赖进口。

30. 医学影像设备元器件。目前国产医学影像设备的大部分元器件依赖进口，中国最早的专利比美国平均晚20年。在专利数量上，美国是我国的10倍。所有的原创成果，所有的科研积累都在国外，中国只占很少的一部分。

31. 超精密抛光工艺。美国和日本牢牢把握全球市场主动权。

32. 环氧树脂。目前，国内生产的高端碳纤维，所使用的环氧树脂全都是进口的。我国已能生产T800等较高端的碳纤维，但日本东丽掌握这一技术的时间是20世纪90年代。相比碳纤维，我国高端环氧树脂产业落后于国际的情况更为严重。

33. 高强度不锈钢。用于火箭发动机的特种钢材。完全依靠材料自身实现高强度和防锈性能兼备是世界性难题。我国航天材料大多用的是国外20世纪六七十年代的材料。

34. 数据库管理系统。目前全世界最流行的两种数据库管理系统是Oracle和MySQL，都是甲骨文公司旗下的产品。竞争者还有IBM公司以及微软公司的产品等。甲骨文、IBM、微软和Teradata几家美国公司，占了大部分市场份额。

35. 扫描电镜。每年我国花费超过1亿美元采购的几百台扫描电镜中，主要产自美国、日本、德国和捷克等。国产扫描电镜只占5%~10%。

资料来源：根据《科技日报》相关报道整理。

（2）科研机构对接新需求拉动科研机构改革

科技成果作为一种特殊的产品，只有被市场接受并产生实际效益时，才能体现出其作为商品的价值。传统科研机构和市场对接有限，由于没有以企业和市场需求为导向，很多科研成果被束之高阁，无法发挥自身价值。过去科研机构重“科学”轻“技术”，而今企业对“技术”研究及其产业化成果的需求较大，因此科研机构需要将更多的砝码加在“技术”层面。

以大学和科研机构为核心的网络型研发体系已经成为发达国家重要产业的发展模式，如美国马萨诸塞州拥有哈佛大学和麻省理工学院等多所世界一流大学和科研机构，全球大型生物医药公司以它们为网络核心设立了研发中心，创新成果能够快速进行技术转化并形成产业化。

面临新的企业需求和市场需求，科研机构需要转变思路。科研机构的科技创新成果要和企业与市场对接，转化为生产力，以产业需求为导向，进行市场化运作，进而满足市场需求，推动产业发展。习近平总书记在两院院士大会上指出，要拆除阻碍产业化的“篱笆墙”，疏通应用基础研究和产业化连接的快车道，促进创新链和产业链精准对接，加快科研成果从样品到产品再到商品的转化，把科技成果充分应用到现代化事业中去。完善产业技术创新体系的核心是研发载体的能力建设，新需求对研发能力的要求，进一步拉动传统科研机构改革。

2.1.3 全面深化科技体制改革

中华人民共和国成立 70 年以来，科技体制的建立和改革取得了明显成效，但科技管理领域长期存在的分散、封闭、交叉、重复、孤岛现象依然没有从根本上解决。自创新驱动发展战略实施后，科技体制改革不断深化，2016 年 5 月《国家创新驱动发展战略纲要》发布，主要围绕科技计划体系，科研经费管理，扩大高校和科研机构自主权，落实科研成果转化的股权、期权和分红激励，强化知识产权保护等进行改革。习近平总书记多次强调，要全面深化科技体制改革，提升创新体系效能，着力激发创新活力。

近年来，我国科技体制改革全面发力、多点突破、纵深发展，改革“四梁八柱”主体架构基本确立，重要领域和关键环节的改革取得了实质性突破。科技体制改革的要点是从政府管理为主转向政府与市场结合、以市场机制为主。深化科技体制改革，要进一步深化应用技术类科研机构改革，促使其完善现代企业制度，推动其能够更好地面向市场和经济社会发展新需求，自主开展技术研发。对于从事基础研究、前沿技术研究和社会公益研究的科研机构，在深化科技体制改革的带动下，也需要加快建立现代院所制度，实现“去行政化”，使科技人员充分发挥作用。

2020 年，《关于构建更加完善的要素市场化配置体制机制的意见》印发并指出，积极推进科研院所分类改革，加快推进应用技术类科研院所市场化、企业化发展；支持科技企业与高校、科研机构合作建立技术研发中心、产业研究院、中试基地等新型研发机构。2021 年 8 月，国务院办公厅印发《关于改革完善中央财政科研经费管理的若干意见》指出，创新财政科研经费投入与支持方式，支持新型研发机构实行“预算+负面清单”管理模式。虽然这只是针对新型研发机构的特殊模式，但在科技体制深化改革的驱动下，未来更多科研院所、高校、企业等创新主体也能够享受政策红利，也有进一步加快改革的动力。

2.2　新型科研机构：吹响科研机构改革的号角

面对改革的迫切需求，“巴斯德模式”成了我国科研机构改革的主要选择之一。“巴斯德模式”的核心观点是，以应用激发的基础研究既能产生突破性科学成果，又可以随即进入产业化过程，使科学知识和商业价值合二为一，因此，研发活动的主体和组织机制需要相应的变革。经过多年的改革和摸索，我国已经涌现出一批具有影响力的新型科研机构，也探索出了具有中国特色的新型科研机构发展模式，包括高校和地方政府合作模式、高校主导模式、政府主导模式及企业主导的民办官助模式等类型。

2.2.1　高校和地方政府合作：深圳清华大学研究院

（1）深圳清华大学研究院概况

1996 年 12 月，深圳市政府与清华大学共建了深圳清华大学研究院，研究院是采用企业化方式运作的事业单位，深圳市政府与清华大学各占一半股份。研究院定位于充当清华大学推进区域科技经济社会发展的典范、珠三角高科技上市公司的摇篮和华南地区人才培养的重要基地，旨在推出一大批拥有自主知识产权、面向市场的科技成果，加速科技成果转化，培育高科技创业企业，培养高层次人才。

自成立以来，研究院结合深圳市政府规划战略、科技与产业发展趋势、高新技术企业发展需求组建了多个研究所，下设26个实验室和研发中心，从事研发服务。研究院积极打造“科技孵化器”，结合金融资本的创投服务，逐步探索出集研发、孵化、创投于一体的“科技创新孵化器”经营发展模式，建立了完善的“科技创新孵化体系”，促进了“科技+金融”的深度融合，实现了以金融体制创新助力科技成果转化，成为华南地区“官、产、学、研、资”相结合的区域科技创新基地，在科技研发方面取得一系列成果。

（2）深圳清华大学研究院的管理模式及特点

第一，建立多位一体的综合型科技企业孵化器模式。深圳清华大学研究院在协同机制上平衡各种角色安排，实施“科技创新孵化器”的发展模式，借助科技与金融融合发展的体制创新，将平台打造成集研发平台、人才培养、教育培训、投资孵化、科技金融、创新基地、国际合作于一体的自主创新孵化体系。研究院通过创新体制和机制，建立了科技成果产业化的孵化链，先后发起、投资、孵化了拓邦电子、安泰科技、和而泰、达实智能、数码视讯等20多家在中小板和创业板上市的公司。

第二，积极对接区域发展需求。校地共建的协同创新平台必须要在目标定位和战略规划上，以国家和区域发展战略为导向、以企业和行业发展需求为出发点，长远布局。研究院积极高度重视与区域内部主体、外部主体、金融资本的合作，对接深圳发展需求，为深圳引进清华等若干国家级重点实验室，为深圳虚拟大学园的成立起到一定的推动作用，实现了自身发展与区域发展的同轨道化。

第三，构建企业化管理和市场化运作的体制机制。体制和制度创新是产学研创新平台可持续发展的内在动力，企业化、现代化的组织架构模式和市场化导向的运作机制是协同创新平台有效治理的基本保障。深圳清华大学研究院正是在体制改革的背景下产生的，将“创新”应用于研究院的体制机制安排上，形成对内“企业化管理”，对外“市场化运作”的体制创新范式，是典型的融合传统教学机构（高校）、科研机构（科研院所）、企事业单位的优势于一身，融合传统社会政府组织、企业组织、社会组织的功能于一体，融科技、产业、服务于一线，链接高校、政府、市场三重领域的“四不像”综合创新体，最终实现了研究院、企业、政府等主体的多赢，取得了良好的社会效益和经济效益。深圳清华大学研究院科技创新孵化体系如图 2-1 所示。

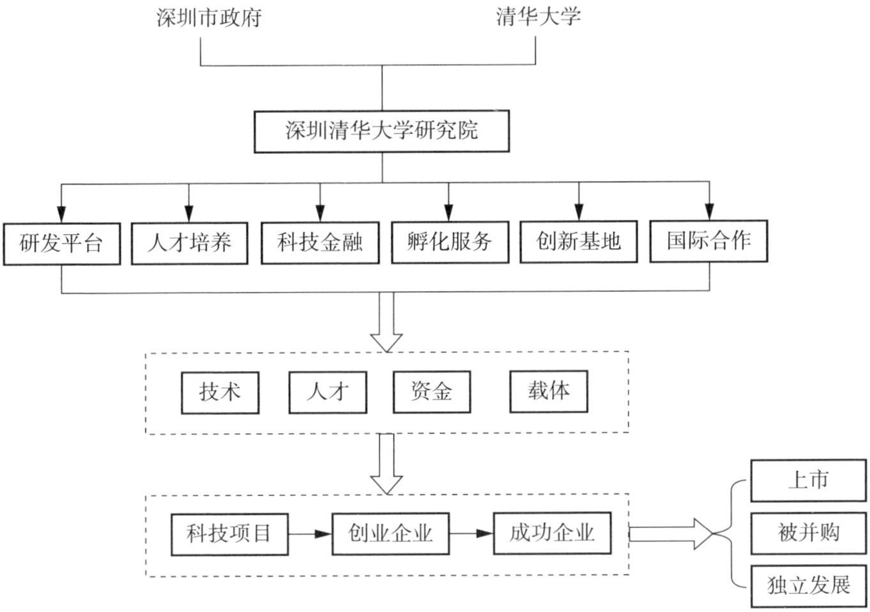

图 2-1　深圳清华大学研究院科技创新孵化体系

资料来源：深圳清华大学研究院官网。

2.2.2　高校主导：浙江大学创新技术研究院

（1）浙江大学创新技术研究院概况

浙江大学创新技术研究院（有限公司）/杭州市工业技术研究院是由浙江大学控股，国内多家知名上市公司和实力型民营企业、金融投资公司等参股组建的。研究院于 2012 年 9 月 29 日注册成立，是按照现代企业制度设立的创新型企业。浙江大学创新技术研究院根据浙江省、杭州市战略性新兴产业的发展要求，结合浙江大学“双一流”建设发展规划，聚焦医疗大健康、节能环保、智能制造、军民融合等领域，旨在培育一批有影响的高技术公司，成为杭州市和浙江省高技术产业的源泉和高科技公司的孵化基地。浙江大学创新技术研究院研发基地面积约 25 万平方米，总投资约 15 亿元。在《2021 杭州独角兽 & 准独角兽企业榜单》中，浙江大学创新技术研究院参与投资的 11 家企业入选榜单。浙江大学创新技术研究院股东结构如图 2-2 所示。

浙江省金融控股有限公司	杭州市高科技投资有限公司	浙江省交通投资集团有限公司
浙江荣盛控股集团有限公司	西子联合控股有限公司	新和成控股集团有限公司
康恩贝集团有限公司	浙江浙大网新集团有限公司	长江成长资本投资有限公司
神雾环保技术股份有限公司	金沙江创业投资管理有限公司	浙江大学控股集团有限公司

图 2-2　浙江大学创新技术研究院股东结构

资料来源：浙江大学创新技术研究院官网。

（2）浙江大学创新技术研究院管理模式及特点

第一，建立院长负责制的组织架构。校企协同创新平台是我国经济社会发展到一定阶段产生的“四不像”机构，产权明晰、权责明确、企业化治理模式对提高平台治理效率和产出效能至关重要。浙江大学创新研究院实行股东会、董事会领导下的院长负责制，并创造性地设立了职能、职权相对独立的专家咨询委员会和立项论证委员会，并根据区域和产业发展需求、研究院的规划，下设产业研究中心，并根据高新技术研发、项目开发、产业化发展和资本运作服务等设置管理机构，实现从创新链源头到产业化发展、资本化增值的一体化。

第二，实施成果转化全流程科学治理。浙江大学创新技术研究院在依据区域产业发展或重大科研领域的前提下，遵循科学的科研成果转化链条，按照技术引进—产品研发—市场化—产业化的运行机制循序渐进，相对独立、全力开展产业化的研发，待项目相对成熟后，再孵化分离出高新技术企业。在这个过程中，创新院的技术和管理团队对孵化高新科技公司的发展提供持续支持，这种运行机制形成了技术产出—项目制管理—企业化运行—产业化发展从源头到结果的全流程科学治理。

第三，构建现代化的人力资源管理制度。建立和实行现代化的人力资源管理制度，保证创新团队、项目管理团队和企业高层管理团队的先行性、专业性及稳定性至关重要。创新院制定了完善的人才梯队建设体系，充分利用浙江大学丰富的人才资源优势，并实行灵活的人才引进扶持政策和多元化的聘任渠道，从而形成了专业技能扎实、工作经验丰富的创业团队。

2.2.3 政府主导：广东华南新药创制中心

（1）广东华南新药创制中心概况

2008 年 10 月，在广东省政府主导下，多所区域内著名高校和科研机构、著名企业等联合组建了广东华南新药创制有限公司。公司成立了从事新药创制和公共服务的科技类民办非企业机构——广东华南新药创制中心，该中心开创了政府主导、企业与高等院校和研究机构协同创新的全新体制。

广东华南新药创制中心成立之后，成为国家“十一五”重大新药创制科技重大专项中“华南综合性新药研究开发技术大平台”独立承担单位，入选国务院批准的《2008—2020 珠三角改革发展规划纲要》中重点建设的三大创新平台之一，承担国家科技重大专项“华南综合性新药研究开发技术大平台”建设，并与多家专业科研院所、高校、医药企业联合设立研究中心、实验室、新药项目，推动了新药研发项目落地，带动了区域企业发展，促进了医药技术转化和产业化。广东华南新药创制中心理事单位见表 2-1。

表 2-1 广东华南新药创制中心理事单位

广东省科学技术厅	广东东阳光药业有限公司
广东省卫生和计划生育委员会	广东众生药业股份有限公司
广东省食品药品监督管理局	广东福泽医药有限公司
广州市科技创新委员会	广州中大控股有限公司
广州开发区管理委员会	广东华银医药科技有限公司

续表

广东省科学技术厅	广东东阳光药业有限公司
广东华南新药创制有限公司	广州白云山医药集团股份有限公司
广州高新区投资集团有限公司	中山大学达安基因股份有限公司
中国科学院广州生物医药与健康研究院	中山市健康科技产业基地发展有限公司

资料来源：根据相关资料整理。

（2）广东华南新药创制中心管理模式及特点

第一，构建多个政府部门共同参与的理事会。在当前推动政产学研用相结合的科技体制改革导向下，政府搭好平台并做好政策、制度供给，新型协同创新平台紧密依托政府部门，响应政府宏观政策导向，积极回应区域发展需求，与政府部门保持良好的合作关系，密切沟通。广东华南新药创制中心体制创新的突出特点是其本身在政府主导下建立，且广东省涉及不同领域政府主管机构都成为中心的理事单位，这种体制机制安排保障了多元主体在协同创新的目标、组织、文化和风险控制等方面的协同。

第二，实施中心主任负责管理制。理事会领导下的中心主任负责制是新型协同创新平台通常采用的管理架构，对该中心而言，政府的强有力支持和体制的创新尤其体现在政府部门被纳入平台的治理架构中，而且理事会成员中除了政府系统的利益代表方，骨干企业、高校和科研院所均成为理事单位，这就形成了代表政府系统、企业系统、科研系统“三方系统”的治理格局，这种治理架构有利于充分发挥政府的支持动能、科研系统的研发动能、企业的产业化动能，集聚各方系统的优势要素，形成覆盖药物研发到专业服务的全产业链条。

第三，实行紧扣企业需求的科研攻关模式。在运作机制方面，各主体“各司其职”，政府通过有效的协同机制安排，保持了良好的合作伙伴关系。医药研发机构和医药企业是具备优势资源、医药项目研发的合作伙伴，该中心通过与合作伙伴有效协作实现资源的整合和医药项目的集聚。项目合作和技术平台是双方合作的依托，项目合作带动了平台发展，平台设立服务于项目合作，在良好的合作伙伴关系中加速新药开发。企业化运作保证了项目资金稳定化、医药项目的顺利转化。该中心以华南新药创制公司为成果转化“最后一公里”的助力器，华南新药创制公司与该中心各为独立法人单位，财务独立核算，公司为其提供资金支持，促进其研发成果转化。

2.2.4　企业主导的民办官助：深圳光启高等理工研究院

（1）深圳光启高等理工研究院基本概况

深圳光启高等理工研究院是一家民办非企业性质的新型科研机构，是由深圳大鹏光启科技有限公司全资投入建设的。光启高等理工研究院采用民办官助的体制，建立了创新的管理运行模式和灵活的组织架构，使得研究院具有高度的自主性。光启高等理工研究院所研发的超材料技术融合了电子信息领域、生物光子领域、数理统计领域等多学科的各种先进的创新技术，形成了高度学科交叉性创新的研究风格。

光启高等理工研究院所开展的研究是根本性的源头创新，主要集中在超材料这一新兴交叉学科开展创新工作，致力于在超材料学科取得突破，并将其创新成果进行产业化。光启高等理工研究院的发展战略是深入开展超材料基础理论研究，其面向产业发展需求开展应用研究和超材料技术攻关，加快了超材料产业的发展，促进了战略性新兴产业整体突破、推动了工业经济转型升级、推动了技术创新与进步。光启高等理工研究院的研究内容包括超材料技术、电磁调制技术、智能光子技术和 WLAN 无线覆盖解决方案等。超材料电磁调制技术国家重点实验室组织架构如图 2-3 所示。

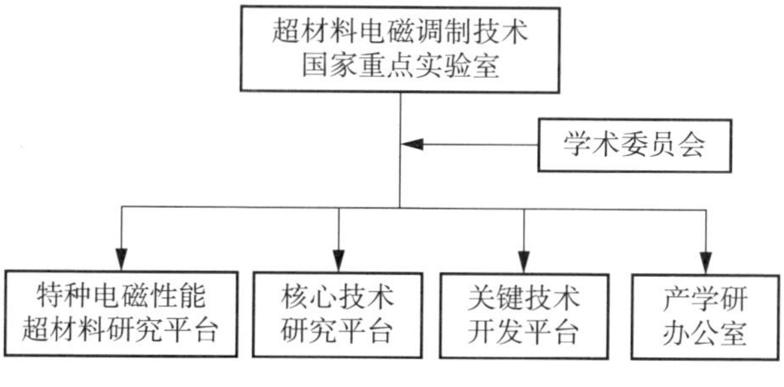

图 2-3　超材料电磁调制技术国家重点实验室组织架构

资料来源：超材料电磁调制技术国家重点实验室官网。

（2）深圳光启高等理工研究院管理模式及特点

第一，采用扁平化组织管理架构。光启高等理工研究院通过扁平化层次、关联价值网络和其他各种关系创建了一个完整且能够不断成长的去中心化的有机组织，创新了机构的活力与优势、提高了员工的工作效率，从而达到提高研发机构绩效的目的。光启高等理工研究院的有机组织没有统一和标准的工作规则和相关条例，相比于大企业庞大复杂的组织架构，其所采用的这种分布式网络的管理结构具有分权化和更高的自主性。

第二，实施项目负责人管理机制。在项目管理机制方面，光启高等理工研究院实行项目负责人制度，项目负责人负责组织项目组成员根据立项合同书的要求，制定具体的项目研究计划、实施方案，确定技术途径、进度和经费预算，并且定期组织开展学术研讨。同时，在项目资金的使用和管理上，光启高等理工研究院实行专款专用、独立核算、合理开支的形式，有效提高了其科研资金的使用效率。

第三，制定以客户需求为导向的对称动机资源配置原则。光启高等理工研究院制定了对称动机资源配置原则，包括三个方面：轨道探索、客户需求和阶段需求。针对不同的需求，光启高等理工研究院所启用的资源配置也有很大的不同。产品市场共生需求方面，在资源配置过程中，光启高等理工研究院会投入相对长期的资源来探索前期市场的不确定性，以此尽量降低风险。在客户的需求方面，光启高等理工研究院主要遵循的是以用户需求为中心的资源分配和决策原则。对于当前阶段的产品需求，光启高等理工研究院采用“对称动机”的原则来合理地进行资源的配置，针对不同的业务和产值配备不同的资源。

第四，构建有吸引力和市场竞争力的薪资福利体系。光启高等理工研究院根据每个员工的工作任务、职位责任、技术含量等要素确定薪酬，各岗位相应职责对应相应的薪酬范围。针对地区和行业两大要素，光启高等理工研究院以市场为导向，其薪资已经达到具有相当竞争力的水平。

第五，搭建国际化合作平台。光启高等理工研究院在创立之初就是由一批高水平的海外留学人员通过智力研发，获得源头创新突破而发展起来的。光启高等理工研究院在发展过程中更注重引进大批量的海归人员，包括美国、德国、法国等国家和地区的人员。同时，在国际合作上，光启高等理工研究院分别与加拿大、新加坡、以色列等多个国家的大学与研究机构签署合作协议，是我国国际科研活动的领先者。

2.3　从先行先试到高质量发展的新型科研机构

本书对新型科研机构的发展阶段及相关政策进行了梳理，我国新型科研机构的发展经历了三个阶段，即发达地区先行先试阶段（1996—2013年，从无到有）、国家政策大力支持阶段（2014—2019年，从有到大）、全国新型科研机构高质量发展阶段（2019年至今，从大到强）。随着国家政策全面支持新型科研机构高质量发展，新型科研机构已成为科研体系和创新体系中的重要组成部分。

2.3.1　发达地区先行先试阶段：从无到有

20世纪90年代末，珠三角地区的加工贸易业面临土地不够、劳动力不足等问题，经济发展面临内外压力。尤其是深圳作为改革开放的重点地区，遇到科技教育资源缺乏、产业升级遇到瓶颈等难题，亟须探索产学研结合、提升科技创新能力的新途径。在这样的历史背景下，1996年，深圳市政府与清华大学共建深圳清华大学研究院。深圳市政府出资6000万元，并给予研究院高新技术产业园区1.6万平方米土地的使用权，清华大学出资2000万元，共同建设研究院，深圳市和清华大学各占资产的50%。面向市场、以企业化方式运作、理事会领导下院长负责制的研究院，形成了融“政、产、学、研、资”为一体的科技创新体系，在技术研发、成果转化、企业孵化和人才培养等方面彰显出比传统科研机构更高效率的功能作用，引起了政府和社会的高度关注。随后，北京生命科学研究所、华南新药创制中心、深圳光启高等理工研究院、华大基因、东莞中小企业综合服务中心等一批新型研发机构快速发展，它们以多学科知识和技术创新作为其主要生产经营活动，以跨行业产品创造作为主营业务范围，以知识密集的人力资源作为主要资本结构，以多样化的创新服务作为主要商业模式，显示出强劲的创新活力。此后，新型科研机构在珠三角地区、长三角地区乃至全国地区迅速蓬勃发展起来。

2012 年 12 月，习近平总书记率队考察深圳光启高等理工研究院，对研究院的技术研发及产业化模式进行深入了解，高度赞同该研究院的发展模式。2013 年全国政协教科文卫体委员会调研组到广东省部分地区进行调研，与政府领导、机构人员等进行座谈交流，对多个具有重要价值的研发机构及高新企业进行考察，起草了《关于深化科技体制改革促进新型研发组织发展的报告》。

这一阶段新型科研机构在沿海省市尤其是广东等地能够快速发展，主要有两个原因：

一是沿海地区创新资源有效整合，产学研协同创新体系不断深化。2005 年 9 月，教育部和广东省人民政府在广州签署了《关于提高自主创新能力加快广东经济社会发展合作协议》。随后，广东省实施“三部两院一省”（教育部、科技部、工信部，中国科学院、中国工程院和广东省）产学研合作机制，联合启动实施省部产学研结合工作。广东省教育部产学研结合工作进展顺利，建立了“五个”保障体系，出台了省部产学研结合扶持政策，建立了政策支持体系；成立了省部产学研结合专门机构，建立了组织协调体系；设立了产学研结合省部专项资金，建立了投入体系；形成了部属高校与广东全面对接机制。在此背景下，省部产学研合作组织实施了一批产学研结合重大项目。

2010 年，全国共有 310 所高校、331 个科研机构的1 万多名专家教授在广东开展了形式多样的产学研合作。企业组织实施的产学研合作项目总计 1200 多项，年均增长 43%，2005—2010 年累计新增产值 7000 多亿元；其中 2009 年新增产值比 2005 年增长了 13 倍；利税 1107 亿元，专利 15878 件，为企业培养技术和管理人才 7.4 万人。在省部级相关部门的大力推行下，产学研协同创新体系建设的力度不断加大，为新型科研机构的快速发展创造了机遇、奠定了良好基础。

专栏 2-2　《教育部　广东省人民政府关于提高自主创新能力　加快广东经济社会发展合作协议》主要内容

一、教育部组织有关部属高校支持广东省提高自主创新能力，为广东省重点发展的电子信息、生物与新医药、新材料、先进制造、节能与新能源、环保与资源综合利用等领域建立咨询委员会，为产业发展提供技术支持；协助聘请知名专家学者为广东经济社会发展，特别是珠三角地区的产业发展提供咨询和指导。

二、教育部和广东省共同支持有关部属高校与广东省优势企业联合搭建科技创新研发平台，共建产学研结合基地和博士后科研流动站；支持有关部属高校联合广东省属高校、科研单位、企业积极参与广东省关键领域重点突破项目的投标，进行项目的联合攻关。

三、教育部在重点学科建设、科技创新平台建设、师资队伍建设、高校科技成果转化及产业化、高层次创新人才培养等方面给予广东高校政策上的指导和扶持；广东省属高校可选派学科带头人和学术骨干到有关部属高校做访问学者，进行重点培养以提高其学术水平和创新能力。

四、广东省将对有关部属高校在进入自主创新园区或建立科研基地等方面给予政策上的优惠和扶持，并将其纳入本省提高自主创新能力，加快经济社会发展建设的体系中。

五、广东省进一步发挥高校在提高自主创新能力中的作用，在高校科研项目申报、投标、与科研企事业单位进行项目的联合攻关、开发等方面给予政策上的支持。

六、合作过程中的具体事宜，由教育部、广东省政府组织有关高校具体研究确定。

二是以深化科技体制改革为契机，推动自主创新。广东省通过研究制定一系列自主创新促进政策，促使政府有形之手和市场无形之手形成合力，共同培育发展新型科研机构；积极引进了包括诺贝尔奖获得者在内的创新科研团队和领军人才，培育发展新型科研机构；通过重大科技专项和平台建设扶持新型科研机构，如广东华南新药创制中心由广东九家骨干医药企业每家出资1000万元共同成立，国家和广东新药创制重大专项给予有力支持。广东省区域经济社会环境创新创业氛围较好，提供了开放良好的市场环境，用研发经费税前加计抵扣等优惠政策鼓励企业创建新型科研机构。

2.3.2 国家政策大力支持阶段：从有到大

（1）国家积极出台支持政策

2014年，习近平总书记在两院院士大会上强调，科技创新活动要不断突破地域、组织、技术的界限。2015年，中共中央委员会办公厅、国务院办公厅发布《深化科技体制改革实施方案》，要求“推动新型研发机构发展，形成跨区域跨行业的研发和服务网络”。

2016年，国务院印发《国家创新驱动发展战略纲要》，鼓励行业领军企业构建高水平研发机构，形成完善的研发组织体系，集聚高端创新人才；发展面向市场的新型研发机构，围绕区域性、行业性重大技术需求，实行多元化投资、多样化模式、市场化运作，发展多种形式的先进技术研发、成果转化和产业孵化机构。

2017年，国务院发布的《“十三五”国家科技创新规划》提出，要培育面向市场的新型研发机构，通过战略性科技创新领军人才领衔，采取与国际接轨的治理模式和运行机制，协同多方资源，开展基础前沿研究和共性关键技术研发，通过产学研合作，提升产业竞争力。

2018年的《政府工作报告》指出，实施创新驱动发展战略，优化创新生态，形成多主体协同、全方位推进的创新局面；扩大科研机构和高校科研自主权，改进科研项目和经费管理，深化科技成果权益管理改革；支持北京、上海建设科技创新中心，新设14个国家自主创新示范区，带动形成一批区域创新高地；以企业为主体加强技术创新体系建设，涌现一批具有国际竞争力的创新型企业和新型研发机构。

随着新型科研机构被纳入国家的顶层设计，新型科研机构与科研院所、高校、企业内部研发机构等构成了国家创新体系的重要驱动力，成为我国创新体系的重中之重。

（2）地方出台认定扶持政策

在宏观政策指引下，北京、上海、广东、江苏、河南等地相继出台相关政策，积极壮大本地新型科研机构发展规模。2014—2019年部分地区支持新型科研机构（新型研发机构）发展政策如表2-2所示。

表2-2　部分地区支持新型科研机构（新型研发机构）发展政策

地区	年份	政策名称
深圳市	2014	《加强新型科研机构使用市科技研发资金人员相关经费管理的意见（试行）》
广东省	2015 2017	《关于支持新型研发机构发展的试行办法》 《广东省科学技术厅关于新型研发机构管理的暂行办法》
福建省	2016	《关于鼓励社会资本建设和发展新型研发机构若干措施的通知》
江苏省	2016	《关于加快推进产业科技创新中心和创新型省份建设的若干政策措施》
北京市	2018	《北京市支持建设世界一流新型研发机构实施办法（试行）》
河南省	2019	《河南省新型研发机构备案和绩效评价办法（试行）》
上海市	2019	《关于促进新型研发机构创新发展的若干规定（试行）》
江西省	2019	《江西省新型研发机构认定管理办法》

资料来源：根据相关资料整理。

2014年5月，深圳市颁布了《加强新型科研机构使用市科技研发资金人员相关经费管理的意见（试行）》，指出新型科研机构是指在深圳市合法注册登记，以承担科学研究、技术开发等公益社会服务为主要业务或职责的科技类民办非企业单位或除国家机关外的其他组织利用国有资产举办的，不实行编制或员额管理，不纳入财政预算管理的事业单位。该意见从保障科研人员合理待遇、完善科研经费管理制度、加强科研资金执行监管、提高财政科研投入资金绩效等方面做出具体要求，旨在促进深圳市新型科研机构发展。

2015年，广东省科技厅等10部委发布《关于支持新型研发机构发展的试行办法》，指出新型研发机构是指投资主体多元化，建设模式国际化，运行机制市场化，管理制度现代化，创新创业与孵化育成相结合，产学研紧密结合的独立法人组织。新型研发机构是广东省区域创新体系的重要组成部分，是加快创新驱动发展的重要生力军。2018 年，广东省科技厅通过资助科技项目的方式，组织实施“促进新型科研机构高质量发展”专项，探索新型科研机构未来发展模式，并以此为平台汇聚国内外科技创新资源。广东省通过建设高水平新型科研机构，补齐战略性新兴产业研发机构不足的短板，解决制约产业发展的关键核心技术问题，为提升产业的核心竞争力、推进经济高质量发展发挥重要支撑作用。

2016 年，福建省发布《关于鼓励社会资本建设和发展新型研发机构若干措施的通知》，鼓励企业、高等院校、科研院所、产学研用创新联盟、行业协会、商会和投资机构等以产学研合作形式，在闽创办具有独立法人资格的新型研发机构；鼓励各级政府采取“院地合作”“校地合作”“政企合作”等形式，与国内外知名院校和大型企业在闽共建新型研发机构。

2016 年 8 月，江苏省出台了《关于加快推进产业科技创新中心和创新型省份建设的若干政策措施》，强调要支持新型研发机构发展。新型研发机构在政府项目承担、职称评审、人才引进、建设用地、投融资等方面可享受国有科研机构待遇；支持新型研发机构开展研发创新活动，具备独立法人条件的，对其上年度非财政经费支持的研发经费支出额度给予不超过 20%的奖励（单个机构奖励不超过 1000 万元），已享受其他各级财政研发费用补助的机构不重复奖励。为引导支持新型研发机构发展，2017 年 3 月江苏省科技厅、财政厅印发了《关于组织开展新型研发机构奖励申报工作的通知》。2019 年 4 月，江苏省在南京市新港高新园举行新型科研机构高质量发展座谈会，讨论新型科研机构发展过程中所遇到的相关共性问题、难点痛点问题，尤其是研究院管理、基金组建、企业孵化等方面体制机制创新。

2018 年 1 月，北京市出台《北京市支持建设世界一流新型研发机构实施办法（试行）》，旨在吸引集聚战略性科技创新领军人才及其高水平创新团队，推动建设世界一流新型研发机构，有力支撑全国科技创新中心建设。该办法要求坚持高起点定位、高标准建设；放眼全球进行对标布局，遴选战略性科技创新领军人才领衔新型研发机构，争取形成更多国际一流的原创性科研成果；突出稳定的资金支持；创新财政科技经费支持方式，根据新型研发机构类型和实际需求给予支持；对从事基础前沿研究的新型研发机构给予稳定支持，支持周期届满后，根据绩效评价结果和实际情况，调整支持方案。

2019 年 1 月，河南省出台《河南省新型研发机构备案和绩效评价办法（试行）》，一是提出实行备案制度，经备案的省级新型科研机构才能享受相应的扶持政策，并由省科技厅负责组织开展新型科研机构的备案和动态管理工作；二是要求省科技厅每两年组织开展绩效评价，绩效评价结果分为优秀、合格和不合格 3 个档次，省财政厅会同省科技厅根据新型研发机构绩效评价结果，择优给予经费后补助，支持其开展研发活动、引进人才团队、建设创新平台、提升产业创新服务能力等。

2019 年 4 月，上海市科技委等 6 部门发布《关于促进新型研发机构创新发展的若干规定（试行）》，指出新型研发机构是有别于传统科研事业单位，具备灵活开放的体制机制，运行机制高效、管理制度健全、用人机制灵活的独立法人机构，包括科技类社会组织、研发服务类企业、实行新型运行机制的科研事业单位。政府通过第三方绩效评价，对经认定符合条件的科技类社会组织和研发服务类企业等新型研发机构给予研发后补助，支持新型研发机构开展研发创新活动，对上年度非财政经费支持的研发经费支出额度给予不超过 30%的补助，单个机构补助不超过 300 万元。

2019 年 6 月，江西省科技厅印发《江西省新型研发机构认定管理办法》，指出申报江西省新型研发机构的条件，即申报单位需以独立法人名称进行申报，可以是企业、事业、民办非企业单位等独立法人和其他组织，注册地和主要办公场所设在江西，注册运营 1 年以上，业务发展方向明确，有灵活开放的体制机制，包括健全的管理制度、高效的运行机制和灵活的人事制度，并需要具备对应的研发条件。

2.3.3　全国新型科研机构高质量发展阶段：从大到强

（1）国家政策全面支持新型科研机构高质量发展

为了深入实施创新驱动发展战略，推动新型研发机构健康有序发展，提升国家创新体系整体效能，2019 年 9 月，科技部印发《关于促进新型研发机构发展的指导意见》（以下简称《意见》），明确了新型研发机构的定义、条件和发展原则，以及一系列支持举措，为新型研发机构发展指明了方向。《意见》指出，新型研发机构是聚焦科技创新需求，主要从事科学研究、技术创新和研发服务，投资主体多元化、管理制度现代化、运行机制市场化、用人机制灵活的独立法人机构，可依法注册为科技类民办非企业单位（社会服务机构）、事业单位和企业。

专栏 2-3　《关于促进新型研发机构发展的指导意见》部分内容

一、新型研发机构是聚焦科技创新需求，主要从事科学研究、技术创新和研发服务，投资主体多元化、管理制度现代化、运行机制市场化、用人机制灵活的独立法人机构，可依法注册为科技类民办非企业单位（社会服务机构）、事业单位和企业。

二、促进新型研发机构发展，要突出体制机制创新，强化政策引导保障，注重激励约束并举，调动社会各方参与。通过发展新型研发机构，进一步优化科研力量布局，强化产业技术供给，促进科技成果转移转化，推动科技创新和经济社会发展深度融合。

三、发展新型研发机构，坚持“谁举办、谁负责，谁设立、谁撤销”。举办单位（业务主管单位、出资人）应当为新型研发机构管理运行、研发创新提供保障，引导新型研发机构聚焦科学研究、技术创新和研发服务，避免功能定位泛化，防止向其他领域扩张。

四、新型研发机构一般应符合以下条件。

（一）具有独立法人资格，内控制度健全完善。

（二）主要开展基础研究、应用基础研究、产业共性关键技术研发、科技成果转移转化，以及研发服务等。

（三）拥有开展研发、试验、服务等所必需的条件和设施。

（四）具有结构相对合理稳定、研发能力较强的人才团队。

（五）具有相对稳定的收入来源，主要包括出资方投入，技术开发、技术转让、技术服务、技术咨询收入，政府购买服务收入以及承接科研项目获得的经费等。

五、多元投资设立的新型研发机构，原则上应实行理事会、董事会（以下简称“理事会”）决策制和院长、所长、总经理（以下简称“院所长”）负责制，根据法律法规和出资方协议制定章程，依照章程管理运行。

（一）章程应明确理事会的职责、组成、产生机制，理事长和理事的产生、任职资格，主要经费来源和业务范围，主营业务收益管理以及政府支持的资源类收益分配机制等。

（二）理事会成员原则上应包括出资方、产业界、行业领域专家以及本机构代表等。理事会负责选定院所长，制定修改章程，审定发展规划、年度工作计划、财务预决算、薪酬分配等重大事项。

（三）法定代表人一般由院所长担任。院所长全面负责科研业务和日常管理工作，推动内控管理和监督，执行理事会决议，对理事会负责。

（2）地方积极推动新型科研机构高质量发展

在国家和地方政策的大力扶持下，这一阶段的新型科研机构实现了井喷式发展，各地掀起了新型科研机构的建设热潮，新型科研机构已然成为地方深化科技体制改革的突破口。各地政府为打造科技创新高地，积极响应国家号召，出台相应补助政策鼓励企/事业单位和高校院所联动建立新型科研机构，推动当地产业高质量、高效率发展，且补助金额比例也比较高。

2020 年 3 月，西安市发布《西安市新型研发机构认定管理办法（试行）》，明确了新型研发机构的认定条件、支持措施及绩效考核办法。新型研发机构实施年度报告制度，应在每年 12 月 31 日前向科技局提交关于机构发展、科技创新和成果转化、科技企业孵化等情况的业绩绩效报告，并提交年度总结报告和下一年的年度工作计划。

2020 年 5 月 25 日，苏州市出台《苏州市推进新型研发机构集群发展的实施细则》，提出对新建的新型研发机构，可在建设期内依据创新水平、投资规模、地方政府投入等情况，分期分档最高给予 1000 万元联动支持，建设期一般不超过三年；对建设期满的新型研发机构，根据其发展状况和上年度非财政经费支持的研发经费支出额度，给予最高 20%的补助，每年单个机构补助最高 500 万元。这些资金主要源于苏州市市级科技创新专项资金，主要用于新型研发机构新建和绩效补助，帮助企业减轻研发负担，提高企业自主创新积极性。

2020 年 10 月，河南省科技厅面向全省建设布局的新型研发机构新增 20 家，至此，河南省新型研发机构备案数量达到 102 家。截至 2020 年 7 月，河南省全省新型研发机构资产总额达到 82. 3 亿元，拥有有效发明专利 853 项，累计参与或牵头制定国家标准 32 项，累计创办孵化企业 384 家，建有省级以上创新平台 144 家，累计会聚“全职+柔性”高精尖人才 4383 名，其中引进两院院士、外籍院士、杰出青年等高层次人才 73 名。河南省科技厅将启动新型研发机构绩效评价工作，根据评价结果，建立优胜劣汰的动态管理工作机制，推动新型研发机构健康有序发展，在 2021 年实现新型研发机构备案省辖市全覆盖。

2020 年 12 月，为贯彻落实《中共湖北省委、湖北省人民政府关于加强科技创新引领高质量发展的若干意见》，湖北省科技厅在武汉举办了新型研发机构建设工作培训班，全省各地市州科技管理负责人、各新型研发机构负责人及有关高校科技管理人员共 100 余人参加了此次培训。湖北省科技厅数据显示，截至 2021 年 1 月，经湖北省科技厅备案的湖北省新型研发机构总数已达到 375 家，包括产业技术研究院 30 家、产业创新联合体 4 家、专业型研究所（公司）10 家、校企联合创新中心 331 家。湖北省通过备案一批校企联合创新中心，有效推动了校企合作。

2021 年 1 月，浙江省科技厅厅长高鹰忠在中共浙江省委新闻发布会上介绍科技创新工作，并指出，支持之江实验室、西湖实验室纳入国家实验室体系并加快建设，支持浙江大学、西湖大学打造国家战略科技力量，加快组建甬江、瓯江省实验室，到 2025 年建成 10 家省实验室、2 个大科学装置、150 家省级新型研发机构。浙江省政府将省级新型研发机构纳入省属科研院所管理序列，享受各类科技计划、科技成果转化收入分配、进口科教用品免税等政策。为了激发创新活力，浙江省决定赋予符合条件的省级新型研发机构相应级别职称评审权，支持高校、科研机构科研人员到省级新型研发机构兼职开展研发和成果转化，获得的职务科技成果转化现金奖励不计入本单位绩效工资总量。

2021 年 1 月，安徽省科技厅发布 2020 年度新认定安徽省新型研发机构名单，共 51 家单位。安徽省新型研发机构是全省科技创新体系的重要组成部分，主要面向全省战略性新兴产业集聚发展和传统产业改造升级的重点领域，开展基础研究、应用基础研究、产业共性关键技术研发、科技成果转移转化以及研发服务等活动。根据安徽省科技厅发布的《安徽省新型研发机构认定管理与绩效评价办法》，对于认定的新型研发机构，将给予多方面支持。

总结各地相关政策，主要集中在以下几个方面：

一是新型科研机构的认定办法，包括认定制、备案制、预案制等。北京、广东、天津、安徽、江西、福建等地对新型研发机构实施申报认定管理，通常由省科技管理部门负责组织，第三方机构（专家）开展认定论证。山东、湖北、四川等地由省科技管理部门负责，对新型研发机构实施备案管理。甘肃、河北、内蒙古等地开展新型研发机构培育工作，引导和支持初步具备新型研发机构主营业务要求和管理运行特征的单位，经过试点培育和规范化改造，使之具备新型研发机构备案的基本条件。截至 2020 年 1 月，全国开展了新型研发机构认定备案等工作的 15 个地区，共认定备案新型研发机构 700 多家。

二是给予财政资金支持，包括直接资助、后补助等。上海、安徽、山东等地多采取直接资助模式，对经过认定或备案的新型研发机构，根据绩效评估结果，择优给予一次性奖励，金额一般在 300 万～1000 万元。广东等地采取后补助模式，广东对新型研发机构上年度的研发支出中非财政经费支持的部分给予不超过 20%（上限 1000 万元）的奖励，河南按新型研发机构上年度技术成交额，给予其最高 10%的后补助。江苏省创新能力建设计划提出，依据机构的建设规模、引入核心技术情况和研发团队的创新水平等，对新型研发机构择优给予分期分档支持。

三是构建良好的创新环境和人才激励机制。北京、上海等地充分赋予新型研发机构自主权，机构在人员聘用、经费使用、运营管理等方面具有自主权，在确定的重点范围内，可自主确定研究课题、选聘科研团队和安排科研经费使用。福建对新型研发机构引进规定的人才给予10万~300万元的补助。内蒙古规定新型研发机构可以安排40%的利润奖励研发团队，10%的利润奖励院长和其他管理人员，不受国有企业工资总额以及事业单位绩效工资总额限制。

四是保障基础设施建设，包括土地使用和仪器设备保障等方面。辽宁、福建、河南、广东明确地方优先保障新型研发机构建设发展用地需求。在国家首台（套）保险补偿机制基础上，部分地区对新型研发机构重大仪器设备的研发和使用予以资金支持。河南对投保经省认定的首台（套）重大技术装备的省内新型研发机构，按综合投保费率3%的上限及实际投保年度保费的80%进行财政补贴。

五是鼓励申报科技计划项目。多地政策均明确表示，支持新型科研机构同等资格申报国家、省市各类科技计划项目。陕西企业与高校在校企共建新型研发平台实施的科技项目，由企业与高校共同组成技术委员会进行评审后自主立项，报省科技厅备案审核后列入年度省级科技计划。福建新型研发机构独立或联合申报国家和省市科技计划项目、产业开发专项、技术改造项目，同等条件下予以优先推荐或优先立项支持。

2.4 新型科研机构的具体内涵和建设模式

和传统科研机构相比，新型科研机构具有典型的“四不像”特点，在多方面、多角度都取得了突破，建设模式也有显著区别。

2.4.1 新型科研机构的内涵和特征

（1）新型科研机构的内涵

新型科研机构是随着我国科技进步、产业转型升级与经济结构转型应运而生的新生事物，是致力于产业共性技术研发和成果转化的一种新型研发组织。中央及地方政府多个政策文件都对新型科研机构进行了定义，指明了新型科研机构的内涵和特征。学术界关于新型科研机构内涵及特征的理论研究相对较少，也没有明确的界定标准。

从理论研究看，新型科研机构是以科技研发为主业，承接国内外政府、机构或企业委托研发项目，并向社会转让不同阶段的科技研发成果，形成特有盈利模式与财务平衡机制的研究型、企业化的法人机构（孙正心等，2015）。[①] 冯冠平和王德保（2005）分析深圳清华大学研究院运行方式和机制，提出“四不像”理论，既是企业又不完全像企业，目标不同；既是事业单位又不完全像事业单位，机制不同；既是大学又不完全像大学，文化不同；既是研究机构又不完全像科研院所，功能不同。[②] 新型科研机构重在将研究成果的应用、产业化和商业化作为目的，直接以衍生、创造新产业或新企业为导向（苟尤钊、林菲，2015）。[③] 新型科研机构是“亦企亦研”的创新组织，对专业技术的理解比企业内设研发部门更宽阔，对市场商机的捕捉比传统科研机构更敏感，应用技术研发更接地气（陈雪等，2019）。[④]

本书综合政府文件和相关理论研究的观点，对新型科研机构的内涵进行界定。新型科研机构是聚焦科技创新需求，主要从事科学研究、技术创新和研发服务，投资主体多元化、管理制度现代化、运行机制市场化、用人机制灵活的独立法人机构。新型科研机构可以是科技类民办非企业单位（社会服务机构），也可以是事业单位和企业。新型科研机构在管理制度、运行机制、投资主体、用人机制方面都具有鲜明的特点。

---

① 孙正心，顾光青，陶纪明．上海新型研发机构案例调研分析［J］．科学发展，2015（1）：98-106.

② 冯冠平，王德保．创新技术平台对深圳科技经济发展的作用［J］．中国软科学，2005（7）：15-19+24.

③ 苟尤钊，林菲．基于创新价值链视角的新型科研机构研究——以华大基因为例［J］．科技进步与对策，2015，32（2）：8-13.

④ 陈雪，李炳超，叶超贤．广东省新型研发机构竞争力评价指标体系研究［J］．科技管理研究，2019，39（1）：70-76.

专栏 2-4　科技体制改革要充分发挥新型研发机构的“鲇鱼效应”

《中国科学院院刊》在 2019 年第三期刊发的《科技体制改革要充分发挥新型研发机构的“鲇鱼效应”》一文，介绍了新型科研机构的内涵以及其对传统科研机构发展所起到的作用。

科研院所、高等院校等传统科研机构一般属于国有的事业单位，有明确的上级主管部门和行政级别。机构负责人由上级部门任命，对上级部门负责，其决策逻辑的理性选择是保持机构稳定运行，尽量规避各种改革可能带来的风险。另外，传统科研机构的经费来源主要是相对稳定的财政拨款，资产管理关注的是国有资产的保值，因此其不是严格意义上的市场竞争主体，缺乏对市场需求的敏感性。这些与生俱来的特质决定了其是“风险厌恶”者，自我变革的动力不足，推动改革的决心不强。

在我国的创新体系中，特别是偏向基础研究的创新机构中，传统科研机构占据了很大的比重。这些机构构成了一个相对稳定的生态系统，而在这个生态系统中，最顶端的机构研究能力的差异性不大，使得创新生态系统缺少外部能量的输入和系统的扰动，这就难以促进整个系统的自我进化。因此，需要有一批真正具有系统扰动能力的新型研发机构，充分发挥其“鲇鱼效应”，通过激烈的竞争压力，刺激传统科研机构进行深层次改革，全面提升其创新能力，真正形成千帆竞渡、百舸争流的气象，使整个创新生态系统能够自我进化达到新的均衡。

新型研发机构是一种既不同于事业法人也不同于企业法人的新型法人组织。新型研发机构的“新”主要体现在：一是资金来源的多元化，其在初期可能会有政府的扶持资金，但是更多的是依靠社会资金和市场竞争性资金。二是管理权限的独立性。一般不设行政级别，没有上级主管部门或者仅与部门合作。秉承科研为先的管理服务理念，机构法人和科研人员在管理上有足够的独立性和自主权。三是运作模式的创新性。在人员聘用、绩效评价、科研组织等运作机制上，以及学术水平上与国际紧密接轨。

（2）新型科研机构的特征

新型科研机构或新型研发机构的名称最早来自媒体报道，其“新型”的内涵，来源于深圳清华大学研究院的“四不像”理论。“四不像”包括制度维度和功能维度，制度维度指新型科研机构和传统科研机构在性质和体制机制上不一样，功能维度指新型科研机构和传统科研机构在导向和功能上不一样。

和传统科研机构相比，新型科研机构领导方式和管理方式发生了变化，新型科研机构建设的主要问题涉及研发机构类型、学科方向、谁发起主办、谁出钱来建、谁牵头组建、何种运行机制、人才从哪里来、如何进行评价等多方面（樊建平、杨建华，2018；杨建华，2019）。①② 具有系统扰动能力的新型研发机构，能够刺激传统科研机构进行深层次改革，全面提升其创新能力。③ 新型科研机构具有鲜明特征，多方面、多角度都取得了突破。

一是组织架构不同，新型科研机构建立了高效的理事会管理模式。传统科研机构多为政府任命院长或所长，新型科研机构是理事会组织架构，实行理事会、董事会决策制和院长、所长、总经理负责制。如浙江大学创新技术研究院实行股东会、董事会领导下的总经理负责制，深圳清华大学研究院实行理事会领导下的院长负责制，都具有鲜明的产学研结合导向。

二是投资主体不同，新型科研机构投资主体可以是企业等社会主体。传统科研机构投资主体主要为政府，新型科研机构实行政府引导、高校科研机构或企业等社会资本共同参与的多元化投入机制，作为投资主体之一的政府部门不会以行政命令方式来干涉机构的运行和发展。浙江大学创新技术研究院由浙江大学牵头联合多家国企、民企、金融投资机构共同组建，投资主体多元。

三是单位性质不同，新型科研机构更多的是体制外和混合体制。传统

---

① 樊建平，杨建华．新型科研机构建设的创新实践与认识［J］．广东科技，2018，27（4）：25-29.

② 杨建华．新型科研机构建设的实践与思考［J］．支部建设，2019（10）：7-8.

③ 中国科学院院刊特约评论员．科技体制改革要充分发挥新型研发机构的“鲇鱼效应”［J］．中国科学院院刊，2019，34（3）：249-250.

科研机构性质多为事业单位，新型科研机构性质可以是事业单位，也可以是民办非企业单位。科技部印发的《关于促进新型研发机构发展的指导意见》中，也鼓励设立科技类民办非企业单位（社会服务机构）性质的新型研发机构。江苏省产业技术研究院由总院和专业性研究所组成，实行理事会领导下的院长负责制，总院是具有独立法人资格的省属事业单位。广东南大机器人有限公司是广东省2019年认定的新型研发机构，是一家高新科技企业，也是一家完全市场化运作的校办企业。

四是经费来源不同，新型科研机构经费来源较为多元。传统科研机构经费来源主要靠政府财政支持，新型科研机构经费来源多样化，可以从政府、企业、社会等多渠道获得经费支持。如江苏省产业技术研究院，其经费来源于省财政事业费、竞争性项目经费、技术成果转化收益以及社会捐赠等。

五是机构功能和研究定位不同，新型科研机构在科研、教育、投资、成果转化等方面实现了多位一体。传统科研机构多定位于基础研究，且多为公益性机构。新型科研机构以市场需求为导向开展高新技术研发，强调基础研究、应用开发与产业化相结合，是集教育、科研、孵化和产业化于一体，以孵化衍生企业、产业化为导向的研究机构。新型科研机构可以瞄准行业关键核心技术，围绕战略性新兴产业进行研究，也可以是公益性基础性研究平台。

六是人才管理模式和队伍架构不同，新型科研机构构建了激励创新的人才管理体系。传统科研机构人才管理较为僵化，既了解市场又懂研发的混合型人才相对较少。新型科研机构运用灵活的聘用、培养、评价方式，注重人才能力和实际贡献，充分激发科研人员的积极性。同时，大多数新型科研机构拥有高层次、国际化、专业化，既了解企业又懂研发的科技人才。

七是管理机制不同，新型科研机构在项目管理、财务管理等方面实行现代化管理制度。传统科研机构主要按照事业单位管理，根据政府要求进行科研管理，有固定的事业人员编制。新型科研机构更多按照企业化方式运行，建立了现代法人治理结构，在项目管理、财务管理和企业文化等方面实现了管理制度现代化，具有可持续发展能力。很多新型科研机构通过自主确定科研课题的方式开展基础研究和应用研究，将科技成果转化为现实生产力。南京等城市还支持以新型科研机构为依托，整合高校科研院所、人才团队、社会资本、地方政府等各方资源，组建混合所有制运营公司。

八是绩效评价方式不同，新型科研机构构建了以科研成果产业化为目标的绩效评价体系。传统科研机构主要以基金课题数量、论文数量以及专利数作为考核依据，新型科研机构除传统科研机构评价方式外，更多以成果转化、衍生孵化企业、科研合同数量等为依据进行考核。深圳大部分新型科研机构都按照企业化管理方式运作，建立了合同制、动态考核、末位淘汰等管理制度。

2.4.2　新型科研机构的建设经验和建设模式

（1）发达地区的建设经验

北京、上海、广东、江苏等国内发达地区新型科研机构发展势头迅猛，总结其发展模式，可以发现这些地区的建设经验。

北京：依托高校和高水平研究机构进行建设。从北京大学创新研究院、中关村华康基因研究院、北京生命科学研究所等新型科研机构发展模式看，北京新型科研机构多依托于北京著名高校及科研机构。由于聚集了很多国际顶尖科学家和创新团队，北京地区新型科研机构能够通过国际合作，由国内外专家共同承担国家级科技项目。如北京协同创新研究院（BICI）由北京市科委、海淀区政府组织北大、清华、中科大、北航、北理工、农大、北科大、北交大、北工大、北邮、北化大、中传媒、南科大、中科院等14家学术单位和商飞、新奥等100多家行业龙头及高科技领军企业联合创建。

上海：大型企业重点参与建设。从上海产业技术研究院、上海交通大学先进产业技术研究院等新型科研机构发展经验看，上海很多新型科研机构由大型企业或外资驻华机构作为投资人。如上海产业技术研究院的理念是“开放创新、服务产业”，具有联合开发、成果转化和战略咨询等功能。

“十三五”时期，随着上海“科改25条”的落地，上海布局建设了数十家新型研发机构。其中，近10家聚焦人工智能、量子科学、脑科学等前沿领域。它们和传统事业单位有所不同，在体制机制上试点“三不一综合”，即不定行政级别、不定编制、不受岗位设置和工资总额限制，实行综合预算管理。此外，还有15家机构围绕上海重点产业和战略性新兴产业，运营研发与转化功能型平台。它们是企业，但业务是研发行业共性关键技术，提供公共技术服务。“十四五”时期，这些新型科研机构将进一步释放机制优势，激发科研人员创新活力，成为提高上海科技创新能力的重要力量。

广东：注重内生的创新激励机制建设。从中科院深圳先进技术研究院、华大基因、清华大学深圳研究院等新型科研机构发展经验看，广东地区新型科研机构既有“研究院+公司”模式引进企业和社会资金孵化科研项目，也有“科研、产业、资本、教育”四位一体的运行机制，注重形成内生的创新激励机制。如华大基因的“三发三带”联动模式，将产、学、研、资、政、人才等各要素内在统一，形成了创新的内容与模式。其中，“三发”是以创新技术为支撑，以科学发现为引导，以产业发展为目标；“三带”是大科学目标带“学科”“产业”“人才”发展。

江苏：研究所和企业共建模式。从江苏省产业技术研究院、苏州纳米产业技术研究院等新型科研机构发展经验看，新型科研机构可以是“一品一所一公司”运作机制，也可以是“一所两制”、项目经理运行机制。如江苏省产业技术研究院是江苏省科技体制改革的“试验田”，探索了一条“一所两制+项目经理+合同科研+股权激励”的模式，通过尝试各类创新，走出了一套新型科研机构的创新路径。

（2）新型科研机构的几种组建形式

总结部分学者研究结论及国内发达地区新型科研机构的建设经验，目前新型科研机构的组建形式主要有以下几种。

按照建设主体分类，新型科研机构的组建形式主要有高校主导型、政府主导型、科研机构主导的院（所）地共建型、高校和地方政府合作共建型、企业主导的民办官助型，以及高校、科研机构和地方政府三方合作共建等多种类型。在创新驱动发展战略的推动下，各地方政府正积极参与各类新型科研机构的建设工作。

按照新型科研机构的性质分类，新型科研机构的组建形式有民办非企业单位模式、事业单位模式、股份企业化模式以及非法人研发机构等类型。按照合作模式分类，组建形式有自建以及与其他单位合作共建等模式。各地企业尤其是民营企业正不断成为新型科研机构建设的重要参与方，科技类民办非企业单位不断成为提高地方科研水平的一支重要队伍。

新型科研机构在管理体制和运行机制等方面非常灵活，在科技成果转化、培养创新人才等方面实现了快速发展，值得传统科研机构学习。新型科研机构的组建主体不同，组建方式存在显著差异，发展模式也明显不同。

从国内发达地区科技创新发展经验看，之江实验室、中科院深圳先进技术研究院等新型科研机构已经成为发达地区建设科技创新中心、产业创新中心的坚实力量。这些新型科研机构和传统科研院所形成优势互补，推动上海、北京、深圳、杭州等地成为具有全球影响力的科创中心。“十四五”时期，在更宽松的环境下，新型科研机构将进一步发挥创新活力，为发达地区科技创新能力的提升贡献力量。

第 3 章

新型科研机构的机遇及实践：以深圳先进院为例

· 为了顺应科技创新发展的趋势，破解科技与产业发展“两张皮”的问题，中国科学院、深圳市人民政府及香港中文大学三方共同建立了中国科学院深圳先进技术研究院（以下简称“深圳先进院”）。深圳先进院以建设国际一流的工业研究院为目标，产生了一大批在学术领域有影响、在产业中具有技术革新突破的原创性成果。

· 深圳先进院的诞生、扩大、发展和转型与深圳市科技产业发展过程中的需求和面临的问题紧密相连。同时，深圳先进院发展的各个阶段都得到并充分利用了深圳、香港、中国科学院等各方的资源和帮助，也整合了许多创新企业、行业协会的资源，这些都为深圳先进院快速发展提供了重要支撑。

· 目前，深圳先进院已经形成了研、学、产、资四位一体的“微创新体系”，有效将学校、研究院所、特色产业园区、孵化器、投资基金等创新要素紧密结合，不断促进技术需求方和技术供给方的有效结合，打通科技创新和经济转移转化通道，大大提高创新效率和效益，对全市乃至全国的科技产业发展起到了巨大的推动作用。

3.1 深圳先进院发展概况：“四不像”研究机构

深圳先进院常被称为深圳“四不像”研究机构的代表，即不完全像大学、不完全像科研院所、不完全像企业、不完全像事业单位。深圳先进院通过创新体制机制，充分发挥中科院、深圳市人民政府、香港中文大学三方共建优势，以实现“一个引领、两个接轨、三个一流、四个能力”的目标，聚焦信息技术（IT）和生物技术（BT），致力于为生命和健康领域提供新技术、新工具和新材料，目前已经形成了8个研究所/中心，取得了一系列突破和成绩。

3.1.1 深圳首个“国家队”

深圳先进院于 2006 年 2 月，根据中央建设创新型国家的总体战略目标和国家中长期科技发展规划纲要，结合中国科学院科技布局调整的要求，围绕深圳市实施创新型城市战略，经由中国科学院、深圳市人民政府及香港中文大学三方友好协商，在深圳市共同建立，从此结束了深圳没有“大院大所”的历史。经过 15 年发展，深圳先进院逐渐聚焦 IT 和 BT 的融合，即“IBT”，致力于为生命和健康领域提供新技术、新工具和新材料，已初步构建了以科研为主的集科研、教育、产业、资本于一体的微型协同创新生态系统，由 8 个研究所、9 个国家级载体、10 个外溢机构、9 个管理部门组成，其具体机构设置如图 3-1 所示。深圳先进院正牵头组建全国首个医疗器械领域的国家级创新平台——国家高性能医疗器械创新中心，牵头建设深圳市脑解析与脑模拟、合成生物研究两项重大科技基础设施，以及深港脑科学创新研究院、深圳合成生物学创新研究院、深圳先进电子材料国际创新研究院等三个基础研究机构。

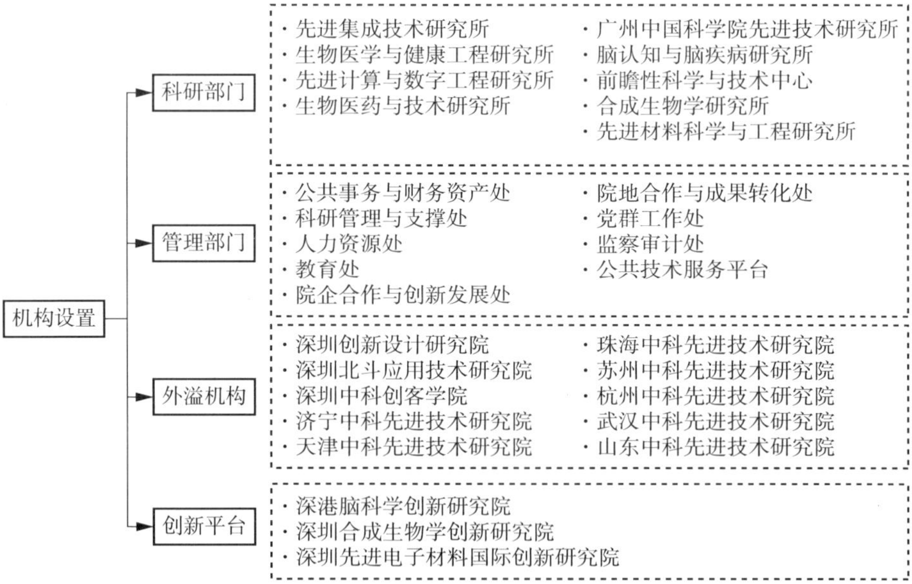

图 3-1 深圳先进院机构设置情况

截至2020年底，全院拥有职工2484人，平均年龄32.5岁，其中海归839人。全院拥有10个学科培养点，其中6个一级学科博士点。全院累计培养学生10000余人，其中75%留粤，为区域输送大量创新拔尖人才。论文累计发表11638篇，ESI前1%学科达5个，自然指数达31.11，位列广东科研机构第一。2020年PCT申请量达567件，专利申请累计10497件，其中授权专利4249件，PCT专利1525件。

专栏3-1　《深圳特区报》：中科院深圳先进院进“国家队”（2009）

2006年，中国科学院深圳先进技术研究院正式成立。从此，深圳告别了没有“大院大所”的历史，拥有了一支科研实力雄厚、可将知识生产过程工业化的科研院所“国家队”。

深圳先进院是深圳市政府与中国科学院协商共建的国家科研机构，其建立是中科院科技布局调整和深圳建设创新型城市的重大举措。它的诞生，对深圳高新技术产业发展、创新型城市建设乃至国家创新体系的完善，都具有里程碑意义。

因此，深圳先进院诞生之初，就被寄予了深圳人的梦想和希望，深圳人期待着它成为深圳建设国家创新型城市、推进自主创新的一大“利器”。3年来，深圳先进院积极开拓，集聚高端人才，促进产业升级，成为备受瞩目的深圳自主创新新高地。2009年7月，深圳先进院获得中央机构编制委员会办公室正式批复，标志着深圳先进技术研究院正式纳入国家研究院所序列，研究院的建设从此迈上新的台阶。

3.1.2　打造国际一流的工业研究院

深圳先进院的建立是顺应科技创新发展的趋势，破解科技与产业发展“两张皮”的问题，其已成为深圳吸引高端人才、提升创新能力、促进成果产业化、应用推广新技术的重要平台。深圳先进院的发展愿景是在建设创新型国家过程中发挥“火车头”作用，提升粤港地区及我国先进制造业和现代服务业的自主创新能力，推动我国自主知识产权新工业的建立，成为国际一流的工业研究院。

深圳先进院积极贯彻国家战略要求，充分发挥中科院、深圳市人民政府、香港中文大学三方共建优势，以实现“一个引领、两个接轨、三个一流、四个能力”为目标。“一个引领”即在国家创新体系和区域源头创新活动中起骨干和引领作用，包括核心技术、产业共性技术、人才教育、企业孵化等多方面的示范作用，成为新型国家研究机构的典范；“两个接轨”即与国际学术水平接轨、与珠三角的产业接轨，是实现“一个引领”的前提条件；“三个一流”即人才一流、科研一流、管理一流，是实现“两个接轨”的基础；“四个能力”即发挥学科交叉特色、形成集成创新新优势、建立经济预测机制、培养市场拓展能力。

3.1.3 面向“今天”“明天”“后天”设立研究所

深圳先进院根据科技创新发展和深圳市产业发展的需求，不断拓展和调整研究所/中心的设置。成立初期，深圳先进院面向深圳当时强链补链的需求，聚焦创新链后端的技术研发和成果转化，成立了先进集成技术研究所和先进计算与数字工程研究所。随着深圳先进院不断壮大和发展，其面向国家战略和深圳科技产业的转型与创新工作，陆续成立了生物医学与健康工程研究所、生物医药与技术研究所、先进材料科学与工程研究所。如今，深圳先进院面向基础研究的短板和未来科技创新的发展趋势，建立了脑认知与脑疾病研究所、合成生物学研究院，抢占未来科技的制高点，积极孵化未来产业。同时，深圳先进院还与广州市合作，成立了广州中国科学院先进技术研究所。深圳先进院已经拥有 8 个研究所，这些研究所的建设取得了较好成效，产生了一大批在学术领域有影响、在产业中具有技术革新突破的原创性成果。目前，深圳先进院还根据国家和产业发展的需求，积极谋划碳中和研究所的创建。

专栏 3-2 深圳先进院 8 大研究所介绍

1. 先进集成技术研究所

中国科学院香港中文大学深圳先进集成技术研究所（以下简称“集成所”）成立于2006年9月，是中国科学院深圳先进技术研究院成立的第一个研究所。集成所是由中国科学院、深圳市政府、香港中文大学三方友好协商共建的国立科研机构，坚持以集成技术为基础，以应用为导向，开展集成、智能、材料等领域基础性、前瞻性、战略性研究和应用技术研究。经过15年的建设已经形成以医用机器人与康复工程、人机智能交互与控制、智能装备与能源材料为特色的三大学科方向的集成技术体系。

2. 生物医学与健康工程研究所

生物医学与健康工程研究所（以下简称“医工所”）是中国科学院生物医学工程领域规模最大的研究单元之一，致力于高分辨、多模态高端医学成像技术与设备研发，医疗机器人等创新医疗器械的研制，以及低成本健康及康复工程技术集成。医工所下设劳特伯生物医学成像研究中心、医学人工智能研究中心、生物医学光学与分子影像研究中心、医学图像与数字手术研究室、医疗机器人与微创手术器械研究中心、微纳系统与仿生医学研究中心、仿生触觉与智能传感研究中心、转化医学研究与发展中心、纳米调控与生物力学研究中心。医工所通过建立享誉国际的生物医学与健康工程的科学研究和人才培养基地，瞄准世界生物医学工程学科科技前沿和健康医疗国家重大需求，实现医学成像、医学电子信息、生物传感、纳米医学、生物力学、生化检验和生物材料等关键技术的突破，推动临床医学技术现代化进程和医疗器械产业迅速发展。

3. 先进计算与数字工程研究所

中国科学院深圳先进技术研究院先进计算与数字工程研究所（以下简称“数字所”）为深圳先进院的核心研究单元之一，是在中国科学院、深圳市政府共同支持下建立的、我国规模最大的以“计算科学和工程”为核心的研究机构。数字所面向中国快速城市化和工业信息化的国家战略需求，基于高性能计算、网络和可视化技术发展数字城市和数字工程等方向的应用基础和核心关键技术，推动从数字生活向数字城市转型过程中相关技术的产业化。

4. 生物医药与技术研究所

中国科学院深圳先进技术研究院生物医药与技术研究所（以下简称“医药所”）于2013年8月正式挂牌。医药所致力于以临床需求与重大疾病为导向，以产业应用带动科研，突破核心关键前沿技术和创新药物，引进和培养一流的人才梯队，深化区域产学研转化，促进生物医药临床与生物产业的经济发展，造福民生健康。按照规划，医药所研究领域包括：生物制药（纳米药物、抗体药物、多肽药物、高端制剂）、生物材料（医用材料、二维材料、3D打印、药食同源）、生物技术（细胞治疗、免疫治疗、光学治疗、生殖健康）、A制药与生物技术创新（药物的筛选与设计、靶标结构与功能、药物合成与优化、晶型预测等）。未来，医药所希望组建国际一流的生物技术制药科学家工作室和科研创新团队，开展广泛的国际交流与合作，促进产学研的紧密结合。

5. 广州中国科学院先进技术研究所

广州中国科学院先进技术研究所（以下简称“广州先进所”）成立于2011年5月，是由广州市人民政府与中国科学院共建的具有独立法人资格、行政上隶属广州市人民政府的新型科研机构，也是中国科学院深圳先进技术研究院的广州分所。广州先进所结合广州地区的市场优势、人才资源优势及区位政策优势，与当地的产、学、研、政、资广泛合作，充分发挥南沙“粤港澳合作示范区”的区域优势，与香港中文大学、香港大学、香港浸会大学等著名学府紧密合作，建有五大研究中心：精密工程研究中心、水科学研究中心、电子与计算机技术研究中心、生物工程研究中心、机器人与智能装备中心，并且围绕机械工程、电子工程、生物工程、材料工程四大研究领域，以及这些领域的技术集成和发展开展研究工作。

6. 脑认知与脑疾病研究所

中国科学院深圳先进技术研究院脑认知与脑疾病研究所（以下简称“脑所”）于2014年11月16日正式揭牌成立，目前已与香港科技大学、MIT麦戈文脑研究所、加拿大不列颠哥伦比亚大学等院校的国际一流脑科学团队建立了良好的合作关系，是中科院深圳先进院成立的第六个研究所。脑所定位于脑认知神经基础、非人灵长类脑疾病动物模型资源库建立及脑疾病机制与治疗新策略研究，以脑科学研究新技术、脑疾病诊疗新技术、新药物研发和产业化应用与服务为需求牵引，将应用基础研究的研发能力在深圳生根，促进自主创新与国家生物产业需求有机结合，成为国际一流研究机构和生物医药企业共享开放的、有国际影响力的平台，加强技术服务、成果转化、技术转移力度，实现科学前沿对创新驱动发展的实质贡献。目前，依托深圳先进院，脑所牵头筹建深圳市基础研究机构——“深港脑科学创新研究院”，以及深圳市重大科技基础研究设施——“脑解析与脑模拟重大科技基础设施”。

7. 合成生物学研究所

合成生物学研究所（以下简称“合成所”）成立于2017年12月，是深圳先进院第七个研究所，采用合成生物学的工程化设计理念，专注于人造生命元件、基因线路、生物器件、多细胞体系等的合成再造研究，旨在揭示生命本质和探索生命活动基本规律。合成所积极开展面向市场的、以产业化为导向的技术转化，力求发展成为国际上具有影响力的合成生物学研发基地与产业创新中心。合成所通过打造开放交叉合作的平台，会聚国内外合成生物学领域青年骨干及海内外领军科学家，打造一支年轻有活力、多学科融合的前沿创新团队。

8. 先进材料科学与工程研究所

先进材料科学与工程研究所（以下简称“材料所”）于2018年

11月14日在深圳市会展中心揭牌，2019年1月1开始筹建，于2020年11月11日去筹。材料所下设先进电子材料研究中心、材料界面研究中心、光子信息与能源材料研究中心和多尺度晶体材料研究中心。材料所以电子材料为学科特色方向，聚焦电子封装材料、功能材料和光电材料等领域的前沿研究及规模量产成套工艺开发，依托基础科学突破和核心技术优势，不遗余力地推进研究成果的产业化。同时，材料所注重材料与智能技术、生物技术的交叉融合，推动材料学科的全面发展。

3.1.4 研究所建设成绩喜人

深圳先进院各研究所自成立以来，不断强化自主创新能力，引领国家创新水平的提升，努力破解科技与产业“两张皮”的问题，实现学术科研建设和成果产业化两手抓，在产学研一体化方面成绩斐然，有效、有针对性地满足国家战略与深圳产业发展各阶段强链补链、布局战略性新兴产业和弥补基础研究短板的需求。

（1）先进集成技术研究所

科研项目。建所以来，先进集成技术研究所（以下简称“集成所”）累计获批科研项目2468项，总经费171552万元。其中2020年，集成所共获批科研项目275项，总经费18564万元。集成所的重大项目包括国家重点研发计划、973计划、863计划、国际合作计划项目，国家自然科学基金国家重大科研仪器研制项目、重点项目、联合基金项目，广东省、深圳市与企业合作项目。

论文发表。集成所共发表学术论文3963篇，其中SCI检索1531篇。2020年发表学术论文369篇，其中SCI检索228篇，高质量论文112篇，ESI高频被引论文26篇，入选次数稳定，多篇论文发表在*Science Robotics*、*Nature Communications*、*Advancedmaterials*、*IEEE Trans*等顶级期刊和国际会议上。

实验室建设。2020年，集成所分别建设神经信息技术及应用联合实验室、语音 AI 联合实验室、5G 通信联合实验室、中科泰山智能体育科技联合实验室、绿色能源与智慧电网联合实验室、柳州康养产业创新中心、中科久森新能源技术联合实验室、虹膜识别技术及应用联合实验室、先进院—国信科技—城安院三方共建联合实验室、人机交互技术创新应用联合实验室、智能制造联合实验室等 11 家企业共建联合实验室。

成果转化。集成所科研成果推广及产业合作密切，积极探索实践“实验室经济”发展模式。集成所共申请专利 2318 件，其中发明专利 1808 件。

（2）生物医学与健康工程研究所

科研项目。生物医学与健康工程研究所（以下简称“医工所”）建所以来争取项目数量逐年递增，科研竞争力不断增强。从项目数量与规模看，2008—2020 年，全所共争取科研项目 1770 项，总合同经费累计达 24 亿元。从项目层次与质量看，作为项目牵头单位承担科技部 973 计划重大项目 2 项、863 计划 3 项、重点研发计划 3 项；基金委重点类项目 26 项（其中重大科研仪器研制项目 8 项、重点项目 3 项、重点国际合作 2 项、联合基金 5 项、优青项目 8 项）；作为课题或子课题负责人承担 973 计划 1 项、国家科技重大专项 3 项、国家科技支撑计划 5 项、重点研发专项 10 项。截至 2020 年 12 月，共承担国家自然科学基金项目 282 项，其他国家、中科院、广东省及深圳市项目 1000 余项，与企业合作项目百余项。2020 年，全所新获批科研项目 200 余项，其中国家自然科学基金项目 44 项、科技部重点研发专项 1 项。

论文发表。医工所注重基础理论与技术的研究开发，2020 年全所发表论文 346 篇，其中 SCI 期刊论文 296 篇；建所至今医工所科研人员围绕相关研究领域，发表论文 3127 篇，其中 SCI 期刊论文 1782 篇。

成果转化。2020 年全所申请中国专利 258 项，PCT 114 项，国外专利 27 项，授权发明专利 176 项。产业化方面，医工所牵头建设了国家高性能医疗器械创新中心，与深圳联影共建“深圳市联影高端医疗装备创新研究院”，与广州康臣药业有限公司合作成立“中科院—康臣联合实验室”，与企业联合成立生物技术联合实验室等 8 个联合实验室，孵化出苏州中科先进技术研究院有限公司等 11 家企业。

（3）先进计算与数字工程研究所

科研项目。先进计算与数字工程研究所（以下简称“数字所”）承担了国家战略性科研攻关任务，包括863计划、973计划及科技部重点研发计划等多项国家重大科研项目，累计承担国家级项目近200项，争取各类科研经费超过9.6亿元，其中纵向科研经费超过62亿元，人才项目1.2亿元，企业合作产业化转移转化2.1亿元。2019年新争取总经费1.31亿元，其中获批纵向科研项目100余项，留院金额8784万元，其中国家级项目2758万元，中科院项目1963万元，省院级项目1285万元，深圳市项目2778万元；新增横向/产学研到款3056万元。

论文发表。数字所在人工智能与大数据领域不断产出高水平成果，截至2019年年末共计发表论文1700余篇，其中SCI论文840余篇（JCR区论文500余篇），CCF A类论文90余篇；出版学术专著20余部；累计申请专利1200余项，获得授权专利500余项，申请PCT专利1000余项。2019年发表论文353篇，其中期刊论文196篇（SCI论文169篇，JCR区93篇，CCF A类1篇），会议论文157篇（CCF A类39篇，CCF B类30篇）。

成果转化。数字所建成以来，助力产学研一体化取得重要进展，建成李朗云计算产业园产业育成基地，孵化深圳市尧元科技有限公司、深圳北斗卫星应用技术研究院等企业，转化出心电监测运动衫、健康按摩椅、微弱心电信号采集芯片、心电脉搏血氧三合一采集器等产品。

（4）生物医药与技术研究所

科研项目。截至2020年年末，生物医药与技术研究所（以下简称“医药所”）已承担各类科研项目818项，受资助经费74亿元，包括国家重点研究计划、国家自然科学基金、科技部重点研发计划、中科院先导专项、广东省重大研究培育、广东省重点研发计划等。

论文发表。医药所发表文章1400篇，包括SCI文章922篇，其中IF>5的文章430篇，IF>10的文章103篇；申请专利794项，已授权专利205项，45项专利实现产业化转让。2020年医药所共获批科研项目经费12669万元，发表学术论文157篇，SCI论文143篇。

成果转化。2020年，除4家孵化公司（中科艾深、中科海世御、中科台富、宾德）持续运营外，医药所在成果产业化方面继续发力，与广州凯普生物科技有限公司联合共建中国科学院深圳先进技术研究院—广东凯普生物股份有限公司“精准医疗联合实验室”；与孵化企业、深圳市疾控中心共同抗疫；转化出新型生物活性骨水泥等创新产品。

（5）广州中国科学院先进技术研究所

论文发表。自2011年建成，广州中国科学院先进技术研究所（以下简称“广州先进所”）累计发表论文461篇，其中SCI收录155篇，EI收录155篇。

成果转化。广州先进所累计申请专利517项，其中发明专利347件，占67%；PCT专利11件；累计授权专利350件，其中美国/欧盟授权专利3件。广州先进所积极推动科研成果产业化，已孵化广州市健齿生物科技有限公司，打造机器人产品，实现科研成果的收益转化。

（6）脑认知与脑疾病研究所

科研项目。2020年，脑认知与脑疾病研究所（以下简称“脑所”）获批国家及地方科研项目106项，获批经费额度超8000万元；近3年获得的重要纵向科研项目中国家级的项目含国家自然科学基金区域联合基金集成项目、国家自然科学基金重点项目、国家自然科学基金区域联合基金重点项目2项、国家自然科学基金国际（地区）合作与交流重点项目、国家优秀青年科学基金2项、国家自然科学基金面上/青年项目33项、国家自然科学基金国际合作/应急项目7项、科技部重点研发计划7项、国防科技创新特区项目17项；省部级的项目含中组部人才项目、中国科学院国际大科学计划培育专项/重点国际合作项目6项、中国科学院百人项目等6项、中国科学院先导B项目等5项、广东省脑科学与类脑研究重大科技专项3项，合同总额超3亿元。

创新基础设施建设。目前，脑所正在牵头筹建深圳市基础研究机构——“深港脑科学创新研究院”，以及深圳市重大科技基础研究设施——“脑解析与脑模拟大科技基础设施”，助力深圳构建“基础研究+技术攻关+成果产业化+科技金融”的全过程创新生态链，立足深圳、服务全国、辐射全球，推动脑科学基础性和前瞻性技术实现跨越式发展。

（7）合成生物学研究所

科研项目。2019 年，合成生物学研究所（以下简称“合成所”）争取国家、省、部、市级各类项目合同额 3.12 亿元（其中深圳市稳定拨款 1.42 亿元，国家、省部级获批竞争性经费 1.7 亿元）。作为项目牵头单位获批国家重点研发计划“合成生物学”重点专项 3 项，全国排名第三；新增国家自然科学基金面上项目 4 项。

论文发表。2019 年，合成所新增代表性论文 33 篇。

重大平台建设。合成所已建设若干重大载体，为基础研究及产业合作提供强大保障和支撑。作为光明科学城首批启动项目，合成所牵头建设的全球最大合成生物研究重大科技基础设施，主体建筑已完成封顶，建成后将成为全球领先的智能化生命系统设计与制造平台；合成所牵头建设了深圳合成生物研究重大科技基础设施。此外，合成所还建有“中国科学院定量工程生物学重点实验室”“广东省合成基因组学重点实验室”“深圳市合成基因组学重点实验室”“深圳市人工诊疗微生物自动化合成工程实验室”等载体。

成果转化。合成所申请专利 6 项（发明专利 5 项、PCT 1 项）、获批发明专利 2 项。

（8）先进材料科学与工程研究所

科研项目。2020 年，先进材料科学与工程研究所（以下简称“材料所”）新获批纵向项目经费超 5200 万元。自材料所建成至 2020 年年末，其累计获得政府、企业等各类项目经费 6 亿余元，包括国家 02 专项、国家重点研发专项、中科院先导项目、省市级项目等。

论文发表。2020 年，材料所先进电子材料研究中心、光子信息与能源材料研究中心、材料界面研究中心共计发表学术论文 133 篇，其中 SCI 检索 115 篇。

研究机构与实验室建设。材料所成立了新型研发机构——“武汉中科先进技术研究院”，牵头建设了深圳市十大基础研究机构之一——“深圳先进电子材料国际创新研究院”。材料所建设了高密度系统级封装国家工程实验室（分室）、广东省高密度电子封装关键材料重点实验室、先进电子封装材料国家地方联合实验室等国家、地方实验室/平台 12 个，获批中科院—香港联合实验室项目。

成果转化。材料所申请专利 130 项，授权专利 58 项。产业化方面，其累计建立了深圳中科思莫特材料有限公司等企业联合实验室 11 家，孵化了深圳中科思莫特材料有限公司等 4 个公司，实现成果转移转化近亿元。

3.2 深圳先进院的发展：与深圳共生成长

深圳从最初的“生产线经济”发展到现在的“实验室经济”，遵循的是从后端技术开发逐步向前端应用研究、基础研究延伸的“E-T-S”创新发展路径，推动了新型科研机构的诞生、发展与转型升级。2000 年，深圳进入全面实施自主创新发展的阶段，积极围绕生产与产业开展技术研发活动，催生了深圳先进院的诞生。2009 年，深圳大力发展战略性新兴产业，推动了深圳先进院快速发展。随着深圳科技创新发展，逐步向创新链前端的应用基础研究拓展，深圳先进院成立了特色学院，“科研、产业、资本、教育”四位一体的发展模式初步形成。2018 年，受中美贸易影响，华为、中兴等龙头企业出现“卡脖子”问题，深圳大力提升基础研究能力，深圳先进院积极向创新链前端延伸，加快建设中国科学院深圳理工大学，深圳先进院进入了新的发展阶段。

3.2.1 面向创新型城市建设，推动深圳先进院从无到有

深圳逐步转入创新型城市建设阶段。20 世纪 90 年代末至 21 世纪初，深圳进入全面实施自主创新发展的阶段，对人才、金融、教育、要素市场等方面进行了系统改革，这是深圳由“SZ（山寨）”向“SZ（深圳）”[1] 跃升的关键时期。1997 年，深圳在全国率先建立了以“十大体系”为内容的社会主义市场经济体制基本框架。1997 年，深圳设立“深圳市科技风险投资领导小组”及办公室，标志着深圳科技风险投资体系的创

① 有人形容早期的深圳就是“SZ（山寨）”，就是引进模仿创新，这种创新模式为后期的消化吸收和自主创新奠定了基础。

建工作正式拉开帷幕。1998 年，深圳市人民政府做出《关于进一步扶持高新技术产业发展的若干规定》，推动腾讯等一批创新公司成立。1999 年，深圳市与北京大学、香港科技大学联合在深圳成立集产业发展、教学培训和科研开发于一体的深港产学研基地；虚拟大学园开园，加强了科技创新、教育、经济、科技与企业的结合；首届中国国际高新技术成果交易会在深圳成功举办，加速了高新科技产品的转化。2000 年，深圳市推出了高层次专业人才“1+6”政策，我国第一部地方性创业投资规章《深圳市创业资本投资高新技术产业暂行规定》正式颁布实施。2006 年，深圳发布一号文件《关于实施自主创新战略　建设国家创新型城市的决定》，在全国率先吹响了建设国家创新型城市的号角。

三方合作筹建深圳先进院。2006 年 1 月 10 日，中国科学院院长路甬祥、副院长施尔畏和深圳市委书记李鸿忠、常务副市长刘应力等在北京商定共建中国科学院深圳先进技术研究院。2006 年 1 月 21 日，深圳先进院筹建领导小组第一次会议在深圳举行，中国科学院、深圳市人民政府和香港中文大学（以下简称“共建三方”）会面。中科院副院长、深圳先进院筹建领导小组组长施尔畏、深圳市常务副市长刘应力共同主持会议，要求坚持“边科研，边招聘，边建设，边产业化”的工作原则。2006 年 2 月，共建三方友好协商，在深圳市共同建立中国科学院深圳先进技术研究院，并实行理事会管理，探索体制机制创新。

专栏 3-3　《科学时报》：金星在中国的科技版图上闪耀

——记中国科学院五个新建研究所的诞生（2010）

2005 年 12 月 27 日晚上，时任中科院人教局局长的刘毅打电话到白建原家里——前一天，正好是白建原 49 岁生日，这位中科院院地合作局的局长助理，担任现有职位已经有些年头了。

刘毅当时在北京杏林山庄开中科院冬季党组扩大会，“起初他问了我家庭的一些情况，我就觉得找我一定有要紧的事情，不然不会在大晚上问我这些，时间和地点都不对”。过了 4 年之后，已是中科院深圳先进研究院党委书记的白建原，原原本本地对《科学时报》记者聊起她最初接到的电话通知。

刘毅在电话里对白建原说，中科院要和深圳市、香港中文大学合作，共同在深圳市筹建深圳先进研究院，中科院党组决定派出两位得力干部，她是首选的干部之一，去了就做筹建组副组长。当时白建原感觉非常的意外与突然。这又不是去组建幼儿园！她问派出的另一位干部是谁，刘毅说中科院领导正在挑选，他暂时也不知道，但肯定是有一定科研背景的人。

过后几天白建原才知道，这个“有一定科研背景的人”，是中科院计算所副所长樊建平。

此时樊建平刚去了一趟银川，会见了宁夏回族自治区党委书记陈建国等人，就协助建设宁夏数字图书馆等事四处奔波，力图将数字图书馆建成投资少、水平高、服务面广的“数字桥梁”，探索出一条信息化建设的新路。同样，樊建平对中科院党组决定让自己南下深圳，负责新建研究所之事也颇感突然。

中科院负责新建研究所工作的是副院长施尔畏。施尔畏经过反复比较与思考，最后向中科院党组提出，要把筹建几个新研究所的“帅印”，交给中科院现任的所处级干部，他的建议得到了中科院党组的批准。正如施尔畏几年后所说：“我是在本人不知情的情况下，分别把同志们约来，告诉他们院党组已决定让他们承担某个新建所的筹建重任，要求他们立即到某个城市去开展筹建工作。”选派出的这些干部都在重要的岗位上，承担着繁重的工作，都有着完美的家庭生活，但获悉中科院党组的决定后，没有一个人提出过哪怕半点的异议或保留，他们告别了繁华的大都市，就像战士冲上战场那样，义无反顾地奔赴各个指定区位。无论是樊建平、白建原，还是比起他俩稍迟一两个月，中科院通知去参加苏州纳米技术与纳米仿生研究所筹建工作的杨辉、刘佩华等干部，他们当时可能都没有意识到，中科院正在进行科技布局调整，随后的3年多时间里新建5个研究所，如一曲壮美和谐的交响乐，大幕正在徐徐拉开。包括后来到任的（厦门）城市环境研究所的赵景柱、朱永官，中国科学院青岛生物能源与过程研究所的王利生、赵汐潮，烟台海岸带研究所的施平、高玲瑜，正是因为中科院党组选派他们这十位干部领衔，打赢了新建所筹建这场重大战役，带出了一支支年轻齐整的队伍，在一张张白纸上描绘出了壮美的画卷，创造了作为研究所必须具备的基础与条件。如施尔畏所说的，“他们的智慧与辛劳、心血与汗水，已化为新建所大楼下的一块块基石，化为园区中一株株树木，永远见证着这些研究所的进步与发展”。

3.2.2 服务战略新兴产业布局，促进深圳先进院发展

深圳市率先布局战略性新兴产业。2007 年，科技部、广东省人民政府、深圳市人民政府举行《科技部、广东省人民政府、深圳市人民政府共建国家创新型城市框架协议》签约发布会，三方共同搭建战略研究平台，将深圳作为探索建设创新型城市的“试验田”。2009 年，深圳率先制定出台系列战略性新兴产业振兴发展规划及配套政策，重点发展生物、互联网、新能源、新材料、新一代信息技术和文化创意等战略性新兴产业。围绕战略性新兴产业发展，深圳市推出了相关高层次人才引进的支持政策，通过“孔雀计划”吸引海外高精尖人才，只要人才达到标准并在深圳工作，均可享受相应的资金奖励补贴，以及居住、出入境、落户、子女入学、配偶就业、医疗保险等方面的待遇。无差别的人才政策为深圳先进院等科研院所引进国际高端人才降低了成本，推动了战略性新兴产业在深圳的迅速崛起，并成为实现转型升级、打造“深圳质量”的新的增长极。

围绕深圳提出的战略性新兴产业，借助深圳市的相关扶持政策和吸引的国际高端人才，深圳先进院积极搭建科研创新平台，不断拓展科研领域，陆续推动了医工所、数字所等的建立。2007 年，深圳先进院在集成所的基础上，确定了“三所两中心”的建设思路，坚持需求牵引、学科交叉原则，针对深圳医疗产业的共性技术需求，切入低成本健康、高端医学影像领域，并组织技术攻关，积极筹划并建立了医工所。2008 年，随着国家高度重视大数据、智慧城市，以及“互联网+”时代到来，深圳先进院把

握机遇，设立相关科研方向，成立了数字所。2009 年，深圳先进院布局的机器人、低成本健康、高端医学影像、电动汽车、大数据等方向的科研和产业化都取得较好成绩。2010 年，深圳先进院第一届理事会正式成立，确定了以工业研究院为目标，以“双螺旋”为举措，有效结合已有学科建设，积极布局产业的发展模式，成立育成中心孵化企业，加快人才招聘步伐，培养硕士生、博士生。2011 年，深圳先进院根据地方需求，再筹建两所研究所，与腾讯等知名企业开展合作，参股并与上海联影开展深度合作。

专栏 3-4　《科学时报》：“火车头”在引领中迅跑

——中科院深圳先进技术研究院发展纪实（2012，节选）

“中央领导殷切希望，中科院要在建设创新型国家中发挥‘火车头’作用，但我们如果是和企业需求严重脱节的火车头，一点货物都不能拉，那只会空费能源，而冒着的浓烟就是所谓的‘论文’。我们这个‘火车头’必须引领并带动一大批企业，在发展战略性新兴产业的轨道上迅跑。”中科院深圳先进技术研究院院长樊建平日前对《中国科学报》记者说。

聚啸山林：千只绵羊不如几头狮子。“实现先进院的愿景，一流人才的领军作用具有决定性作用。”樊建平说，只招二流的人才勉强凑数，即便深圳先进院的规模再大都毫无意义，必须有几头狮子聚啸山林！

三位一体：“计算”的数学公式。深圳先进院建立了“三位一体”的创新模式，即“科研+产业+资本”，正在不断完善长期可持续发展的机制。先进院拿出最好的成果，与愿意投资的企业一起共担风险、共享投资收益。“这样我们的资本增值就会很快，企业成为不断输送我们源头技术的金蚂蚁，产业化的进程也可大大加速。”樊建平说。

需求牵引：“简约而不简单。”在强手如林的基础研发领域，深圳先进院尤为可喜的探索，还在于始终坚持“中国独特的需求牵引”。以低成本医疗为例，深圳先进院从 2006 年筹建之初，就瞄准我国广大农村的需求开展低成本医疗项目，做到高技术只需要低成本、小产品能实现大使命。低成本医疗设备每套只要3.5万元，做一次常规体检只需20元。现在，深圳先进院的系列产品已经量产，推广到国内30个省区市、超过了1000个村镇，引起国家领导人的极大重视，以及国外同行的高度关注。

江湖地位：美国科学院院长的吃惊。2011年11月，第十四届中美前沿科学研讨会在深圳召开，美国国家科学院院长拉尔夫·赛瑟罗恩一下飞机，就来到承办单位深圳先进院，参观了大部分的实验室和项目，他由衷地对樊建平说："你们的工业化应用做得很好，发展速度也让我感到吃惊！"拉尔夫·赛瑟罗恩在接受采访时说："深圳先进院的研发力量非常强大，很多研究成果也站在世界前列。给我印象最深的是低成本医疗，他们通过开发有自主知识产权的医疗设备，把看病成本降下来，这是很多发达国家包括美国在内的科学家都不曾关注过的。低成本医疗在发展中国家会非常有市场。"

学科交叉：汇聚波涛浪涌。樊建平说：过去，科研机构往往选择"数理化天地生"等单一学科，将自己定位为基础类、应用基础类的研究所，或是开发类的地方研究所。这种运行了一个世纪的科研组织方式今天已完全不适应，世界各国都在通过建设学科交叉的科研机构应对这一变化。

植根沃土：吸纳各方丰富养分。医工所副所长郑海荣介绍说：珠三角的企业对我们抱有热情，我们对植根沃土也很有激情。在2008年的高交会上，深圳市一体医疗科技有限公司技术总监看到后产生兴趣，认为这种用超声做肝硬化检测仪器的技术很好，过后不久就主动找到我们，签下255万元"真金白银"的合同。劳特伯生物医学成像研究中心与上海联影公司合作，共同申报广东省创新团队7T磁共振项目获得通过，得到6000万元资助。2011年11月，经国家发展改革委批准，中心开始建设国家与地方联合的"高端医学成像技术与装备工程实验室"。从2008年开始，香港中文大学每周五都有固定班车到深圳先进院，上午来，下午去。班车的开设由香港中文大学副校长、先进院副院长徐杨生提出。从先进院筹建至今，香港中文大学一直给予极大帮助，现在仅该大学就有30多位高端人才在先进院工作，使先进院牢牢地植根于南粤这片沃土。

3.2.3　围绕国际科技产业创新中心建设，向四位一体升级

深圳进一步加快创新驱动发展。2012年，深圳正式发布《关于努力建设国家自主创新示范区　实现创新驱动发展的决定》等“1+10”政策文件，争创国家自主创新示范区，以更大决心、更大力度加快实现创新驱动发展。这一时期，深圳全面落实创新驱动发展战略，深入实施国家创新型城市总体规划，出台创新驱动发展各项文件，积极构建综合创新生态体系，综合创新生态体系更加完善。2016年以来，深圳启动实施新一轮科技产业创新发展计划，全面落实国家“十三五”规划提出的加快深圳科技、产业创新中心建设工作，出台了深圳建设国际科技产业创新中心实施方案及“十大行动计划”①。

为了支撑深圳科技产业的发展，深圳先进院进一步发挥科技与产业的桥梁作用，“科研、产业、资本、教育”四位一体的发展模式初步形成。2012年，深圳先进院受深圳市委托成立特色学院，并获批深圳市首个计算机科学与技术博士后科研流动站，科教融合模式不断推进。2013年，医药所正式挂牌成立，致力于以临床需求与重大疾病为导向，以产业应用带动科研，突破核心关键前沿技术和创新药物，组建国际一流的生物技术制药科学家工作室和科研创新团队，开展广泛的国际交流与合作，促进产学研的紧密结合。2013年，深圳先进院立足服务“中国制造”向“中国创造”转型，致力于研究并集成先进工业设计方法培育工程技术与商业思维兼具

① 分别是布局十大重大科技基础设施，设立十大基础研究机构，组建十大诺贝尔奖科学家实验室，实施十大重大科技产业转型，打造十大海外创新中心，建设十大制造业创新中心，规划建设十大未来产业集聚区，搭建十大生产性服务业公共服务平台，打造十大“双创”示范基地，推进十大人才工程。

的国际化学科交叉人才，创建了创新设计研究院。2014年，深圳先进院创建深圳北斗应用技术研究院，致力于打造大交通行业的智能决策引擎，通过融合大数据、人工智能等技术，贯通交通组织感知—认知—决策—反馈的自适应闭环，助推产业智能化升级，实现安全、高效、可持续发展。2014年，深圳先进院与美国麻省理工学院麦戈文脑科学研究所合作创建脑所，开展脑科学与脑认知等前沿领域研究，提升深圳应用基础研究和新技术开发的研发能力，推动“脑技术”与科研、产业需求的对接，打造国际一流研究机构和生物医药企业共享开放的、有国际影响力的平台。2014年，为进一步推动创客产业的发展，促进深圳市构建成为全球的“创客之都”，在深圳市支持下，深圳南山区和深圳先进院共同建立了中科创客学院。

专栏3-5　《深圳特区报》（头版）：“微创新”体系发挥独特优势（2013）

一年新增论文690篇，新增专利675件，挺进国家科研机构前十名，与中科强华公司合作的发明专利进入2013年广东专利奖金奖公示。中国科学院深圳先进技术研究院（简称“先进院”）落户深圳仅仅6年，就交出一份耀眼的成绩单。

先进院是中国科研的“国家队”，在深圳创新土壤中不断开枝散叶。SCI收录论文体现了对科技论文质量的认可，是基础研究成果重要衡量指标之一，2012年先进院的SCI收录论文达到251篇，同比增长74.3%。

在国际论文发表方面，先进院同样表现不俗，先后在《自然·医学》杂志、*Proceedings of the IEEE*上发表重要论文，在国际机器人顶级会议ICRA和IROS被录用论文居全国高校和研究所首位。

源头创新的另一衡量标准是专利，先进院斩获颇丰，新增专利675件，其中发明专利564件，占总申请量的83%。

“国家队”实现了科研机构和城市共同发展。先进院建立了“智能电网专利分析和布局”“低成本健康专利布局”等6个专利池项目，牵头组建的“深圳市低成本健康产学研资联盟”“深圳市机器人产学研资联盟”“深圳市北斗卫星应用产业化联盟”三大产业联盟已集聚140余家企事业单位，会员企业年产值逾千亿元。

先进院为什么能在短时间内迅速加足马力？院长樊建平表示，先进院一直在探索“科研+产业+资本+教育”四位一体的“微创新体系”，在这种体系下，国家创新体系与区域创新体系完美融合、知识创新体系和技术创新体系相得益彰，“微创新体系”在发展新兴产业中具有独特优势，创新效率相比现有模式可提高几十倍。

3.2.4　立足基础研究短板，筹建中科院深理工

深圳着力提升基础研究能力。2018年，深圳市政府印发了《深圳市关于加强基础科学研究的实施办法》，提出要在基础、前沿、源头研究领域爆发出重大科技成果，实现基础研究和产业技术创新融通发展。2019年，《粤港澳大湾区发展规划纲要》指出，深圳要发挥作为经济特区、全国性经济中心城市和国家创新型城市的引领作用，加快建成现代化国际化城市，努力成为具有世界影响力的创新创意之都。《中共中央　国务院关于支持深圳建设中国特色社会主义先行示范区的意见》指出，深圳要践行高质量发展要求，深入实施创新驱动发展战略，抓住粤港澳大湾区建设重要机遇，增强核心引擎功能。同年，深圳印发《深圳市科技计划管理改革方案》，（简称科改22条），实现“体系架构市场化、关键环节国际化、政府布局主动化、高校支持稳定化、人才支持梯度化、深港澳合作紧密化、国际交流全面化”，提升科技创新效益和质量。2020年4月，深圳印发实施《深圳市人民政府关于支持光明科学城打造世界一流科学城的若干意见》，有力支撑“双区”和“双中心”建设，[①] 未来深圳将全面建成具有全球影响力的科学中心，持续产出大量前瞻性基础研究和引领性原

① “双区”是大湾区和先行示范区，“双中心”是大湾区国际科技创新中心和深圳综合性国家科学中心。

创性成果，成为新一轮国际科技产业革命的策源地，成为我国建设世界科技强国的重要引擎。

深圳先进院瞄准世界科技前沿，积极向创新链前端延伸，推进“从0到1”基础研究，加快建设中国科学院深圳理工大学（以下简称“中科院深理工”），支撑深圳市科技产业的未来可持续发展。中科院深理工将充分发挥中科院建制化科研优势，打造科教融合、产教融合、港澳国际合作以及体制机制创新的办学特色，以一流研究能力建设支撑拔尖创新人才培养，瞄准粤港澳大湾区国家科技创新中心建设，面向未来产业科技与人才需求，最终实现全日制在校生规模8000~10000人。

专栏3-6　《南方日报》：中科院深圳先进院院长樊建平：深圳科技创新做对了什么？（2020，节选）

《南方日报》：您刚才提到了深圳要推进高水平大学的建设，目前，依托中科院深圳先进院筹建的中国科学院深圳理工大学正在如火如荼地建设当中，与同类理工大学相比，中科院深理工的办学特色在哪里？学校将秉持何种办学、育人理念？有哪些优劣势？建成后，将对中科院深圳先进院、深圳市乃至粤港澳大湾区的建设和发展带来哪些影响？

樊建平：现在谈的源头创新其实是一个追赶过程的概念。过去，显示器技术在日本人手上，芯片研发在美国人、德国人手上。我们在发展技术的时代，培养的是工程师。现在到了“S”阶段，我们要去培养科学家。这就要求高等教育，乃至中学的教育系统要进行革命性的变化。

中共中央、国务院印发的《关于支持深圳建设中国特色社会主义先行示范区的意见》中提到，希望深圳充分落实高等学校办学自主权，加快创建一流大学和一流学科。2018年11月，中科院和深圳市人民政府签订合作办学协议，双方依托中科院深圳先进院合作共建中国科学院深圳理工大学。2019年10月，广东省教育厅致函深圳市政府，同意将中科院深理工纳入省高校设置“十三五”规划，标志着中科院深理工正式进入筹建阶段。

中科院深理工选址深圳光明科学城，将由中科院和深圳市共同举办、共同建设、共同管理，在社会主义先行示范区探索“政民共建、科教融合”的新型体制机制。

办学特色方面：

一是科教融合。中科院深理工与中科院深圳先进院已有的科研力量融合发展，与中科院在粤的科研机构和重大科学装置融合发展，发挥中科院“所系结合”的优势，同时探索建立学院、研究院、书院“三院一体”的人才培养模式，注重学科交叉与集成创新，培养国际化、创新型、复合型领军人才。

二是产教融合。中科院深理工将坚持和发扬中科院深圳先进院产业化的基础和优势，如科技企业孵化、院企联合实验室、企业博士后流动站、产业联盟与协会等，加大创新人才的培养力度。

三是体制机制创新。中科院深理工将积极引进社会资本参与办学，计划实行以理事会为核心的法人治理结构。

四是粤港澳合作及国际化。中科院深理工将面向国内外引进高水平、国际化的教师队伍，提升国际化教学水平，将英文纳入工作语言，专业类课程计划全英文授课，计划1/4~1/3教授为外籍，学生不用出国，在国内就可以享受高质量教育。

未来，我们培养的学生不仅要解决从0到1的基础研究问题，还要解决从1到100，从100到无穷大的产业化问题。比起中科院深圳先进院，中科院深理工对粤港澳大湾区的发展将是5~10倍的贡献。

3.3　深圳先进院的建设：三方携手共建

深圳先进院发展的各个阶段，都得到了深圳市政府、中国科学院、香港中文大学等各方的支持和帮助，深圳先进院也整合了许多创新企业、行业协会的资源。其中，深圳市政府提供了科研场地、部分扶持资金和政策支持等，中国科学院提供了科研项目和成果、师资人才、创新资源共享等，香港中文大学提供了初期建设资金、国际化人才、科研项目合作等，这些都对深圳先进院快速发展提供了重要支撑。

3.3.1 共建三方共同筹建深圳先进院

共建三方商讨确立了理事会治理制度。2006 年 9 月，全国人大常委会副委员长、中科院院长路甬祥，深圳市委书记李鸿忠，香港中文大学校长刘遵义见证共建三方在深圳南山医疗器械产业园签署《共建先进技术研究院、先进集成技术研究所协议书》，确定深圳先进院实行理事会管理制度，香港中文大学教授徐扬生为集成所创所所长。2010 年 5 月，根据《中国科学院与合作方共建研究机构理事会章程》，由共建三方共同成立深圳先进院第一届理事会，中国科学院担任理事长单位，深圳市人民政府、香港中文大学担任副理事长单位，中科院广州分院、深圳市相关局委参与。

共建三方共同为深圳先进院提供了筹建和启动资金。2006 年 2 月，中国科学院、深圳市人民政府在深圳签署《共建“中国科学院深圳先进技术研究院”备忘录》；中国科学院、深圳市人民政府还同时与香港中文大学签署《共建“中国科学院深圳先进集成技术研究所”备忘录》。其中，中科院出资 1 亿元、深圳市出资 2 亿元、香港中文大学出资 5000 万元共同筹建深圳先进院。同时，中科院院地合作局还为深圳先进院的筹建工作提供了启动资金。

3.3.2 深圳各级政府提供了全方位政策支持

深圳市政府为深圳先进院建设提供了持续资金支持。2006 年，为进一步支持深圳先进院的建设，深圳市政府向深圳先进院支持的第二笔拨款 800 万元按计划到位。

深圳市政府为深圳先进院建设提供了空间等支持。2007 年 3 月，筹建领导小组确定深圳先进院西丽新园区建设项目为深圳市该年度重大建设项目，由深圳先进院自建，深圳市政府提供相关援助。到 2009 年年末筹建期结束，深圳市将南山区西丽深圳大学城东校区总面积 5.1 万平方米的土地划拨给深圳先进院。深圳先进院以自建的方式完成园区的建设。

深圳市支持深圳先进院相关学院、学校的建设。2014 年 11 月，响应国家号召，深圳市、深圳南山区支持深圳先进院建设中科创客学院。2016 年 3 月，深圳先进院与深圳南山区共建中科深圳先进院实验学校（九年一贯制），有效落实中科院 3H（Housing，Home，Health，即住房、家庭、健康）工程精神，进一步推进院地合作，为地方提供科普支撑。2018 年 11 月，中国科学院与深圳市人民政府签署协议，依托深圳先进院共建中国科学院深圳理工大学（暂定名），目标是建设国际一流的小而精的研究型大学。

深圳市为深圳先进院的建设和发展提供了重要的资金和政策支持。深圳市根据中科院对深圳先进院的投入经费，予以 1∶1 的资金配套支持。深圳市对深港脑科学创新研究院、深圳合成生物学创新研究院、深圳先进电子材料国际创新研究院等研究院/基础研究机构的建设，以及深圳脑解析与脑模拟重大科技基础设施、深圳合成生物研究重大科技基础设施等重大基础设施的建设提供了超 50 亿元的资金（不含基建）。

广东省、深圳市各项人才政策的支持极大地推动了深圳先进院的建设和发展。深圳先进院累计获批 10 支广东省创新团队、16 支深圳市孔雀团队，支持金额超 5 亿元；获得广东省及深圳市各类人才计划（含人才项目）超 900 人次，累计金额超 8 亿元。

3.3.3　中科院提供了建设指引、科研资源、编制等多方面保障

中科院领导深入参与深圳先进院体制机制制定过程，建立了极具前瞻性、创新性的体制机制，为全院未来发展提供了重要保障。2006 年 8 月，中科院副院长施尔畏与深圳先进院管理骨干共同制定《中国科学院深圳先进技术研究院管理通则》，为深圳先进院快速有序发展奠定了坚实基础。

中科院依托深圳先进院建设了一批重点实验室，也为深圳先进院学

科建设、目标凝练、人才招聘、队伍建设提供了载体。如中国科学院生物医学信息与健康工程重点实验室、“低成本健康”实验室、中科院电动车研发中心、人机智能协同系统重点实验室等，这些实验室/中心基于先进院多学科交叉研究基础，将信息技术与生物技术有效融合。

中科院为深圳先进院提供编制，保障全院的发展。2011 年 3 月，中科院下发《关于核定 2011 年事业编制的通知》，核定先进院共有 750 个事业编制。深圳先进院编制从最初的 200 个增加到 500 个，此次再增加到 750 个，充分体现了中科院对深圳先进院建设的支持。

3.3.4 香港提供国际化创新要素

香港中文大学积极促成深圳先进院的建立。2006 年之前，香港中文大学校长刘遵义、副校长杨纲凯，以及徐扬生教授曾赴北京拜访路甬祥，提出香港中文大学可在技术、人才、资金方面支持共建新型研究机构。香港中文大学的许多管理制度给筹建中的先进院提供了制度规范的参照体系。

香港中文大学和香港科技大学为深圳先进院的发展提供了国际化的人才。来自香港中文大学的五位教授牵头组建了深圳先进院最早的 5 个研究中心，这些教授为深圳先进院的筹备做出了很大的贡献，包括把握学术方向和吸引国际人才。当时深圳先进院在国际上没有名气，而香港中文大学是国际品牌，这些国际知名教授为深圳先进院吸引来很多优秀的科技人才，也为后来深圳先进院赴海外招聘国际一流人才打开了局面。2007 年 8 月，深圳先进院“生物医学与健康工程研究所”正式成立，聘香港中文大学张元亭教授为创所所长。2008 年 10 月，深圳先进院“先进计算与数字工程研究所”成立，聘香港科技大学教授倪明选为创所所长。

在推动深港合作上，深圳先进院重点推动的方向是人才的交流。在引才用才方面，深圳先进院围绕“以需求牵引人才引进”和“以人才引进加速推动领域的发展”，综合考虑人才的引进与引进后从事的领域，拓展相关领域与领域引领执行者之间的结合。首先，通过大力引进香港知名教授、以“双聘教授”模式开展交流和合作举办大型国际国内学术会议等形式引入高端人才；其次，开展创新教育联合，具体表现为建立研究生推荐培养新模式，打通本科生赴港深造渠道，与香港科技大学建立研究生“2+2”培养模式。

目前，深圳先进院正积极探索“带土移植”的科创要素流动模式。深圳先进院依托在香港的深圳境外园区，充分利用其企业联合实验室以及香港教授的研究中心，为其香港本地和国际科研人员打造在香港基地工作的便利条件，使其可以更加直接地在港即可从事相关的协同创新活动，推动两地科创领域创新要素流动，形成更多的双方融合的创新实体（科研院所、实验室、企业、孵化园区等），并充分利用这些创新实体“带土移植”跨境科研项目，在实验室经济模式创新、有竞争力的人才制度体系建设、技术设施设备共享及知识产权转移转化等领域实现体制机制创新，互相培好土、浇好水、施好肥，以达到“带土移植、跨境开花、芬芳四溢、近水楼台”的新效果。

3.3.5　整合企业、协会等其他创新资源

深圳先进院加强与产业界合作，积极成立相关协会。2008 年 1 月，深圳先进院牵头成立“深圳市机器人产学研战略联盟”，联合机器人研发企业、高校及科研院所力量，进一步加强机器人行业的凝聚力和影响力。2009 年 3 月，“深圳市机器人协会”成立，标志着深圳市机器人这个战略性新兴产业的发展步入快车道。深圳市机器人协会首批吸纳 20 多家会员单位加盟，深圳先进院任理事长单位，深圳先进院副院长、集成所所长徐扬生任协会理事长。2013 年 5 月 31 日，深圳先进院与深圳市工业设计行业协会联合成立创新设计研究院，全国人大常委会副委员长路甬祥担任该院战略咨询委员会名誉主席。

深圳先进院积极与企业合作，共建实验室。2009 年 4 月，深圳先进院与美的集团共建的仿真技术联合实验室正式挂牌，这是深圳先进院第一个与企业共建的联合实验室。

深圳先进院整合相关资源，促进科技成果转化。2011 年 3 月 11 日，深圳先进院参股并有深度合作的上海联影医疗科技有限公司注册成立。

2016 年 5 月，深圳先进院管理的产业基金中科融信所投资的广东四象智能制造股份有限公司顺利完成股改，准备挂牌上市。2016 年 5 月，深圳先进院管理的产业基金中科昂森所投资的东莞市中科冠腾科技股份有限公司顺利完成股改，准备挂牌上市。2016 年 6 月，深圳先进院与泰国曼谷医疗集团在泰国签订战略合作协议，双方将在医疗器械采购、医学转化及科研等方面开展合作。2016 年 8 月，国内磷化工行业龙头企业兴发集团投资 2500 万元与深圳先进院成立合资公司，支持喻学锋研究员团队推进二维黑磷的产业化。

3.4 深圳先进院的特色："四位一体"的"微创新体系"

经过多年发展，深圳先进院逐渐打造出独具特色的科研、教育、产业、资本"四位一体"的"微创新体系"，在深港合作、创新研发、成果转化、人才培养等方面，已经走出了一条独具特色的创新之路，成了深港创新合作中心、基础研究中心、核心技术开发中心、产学研合作中心、科技成果转移转化中心、应用型人才培育中心。

3.4.1 "研学产资"四位一体

科学研究既要追求知识和真理，又要服务于经济社会发展和广大人民群众，只有科研与实际需求紧密结合，科技创新才能获得更为广阔的施展空间。为了彻底破解科技和经济"两张皮"的难题，更好地落实"科学技术是第一生产力"的发展理念，深圳先进院通过构建研、学、产、资四位一体的"微创新体系"，加速科研产出和成果转化，提高创新效率、效益。深圳先进院将高校、研究院所、特色产业园区、孵化器、投资基金等产、学、研、资创新要素紧密结合，不断促进技术需求方和技术供给方的有效结合，有效打通科技和经济转移转化通道，大大提高创新效率和效益，对全市乃至全国的科技产业发展起到了巨大的推动作用。深圳先进院"微创新体系"如图 3-2 所示。

"研"指科研。深圳先进院着力研究信息技术与生物技术，重点布局

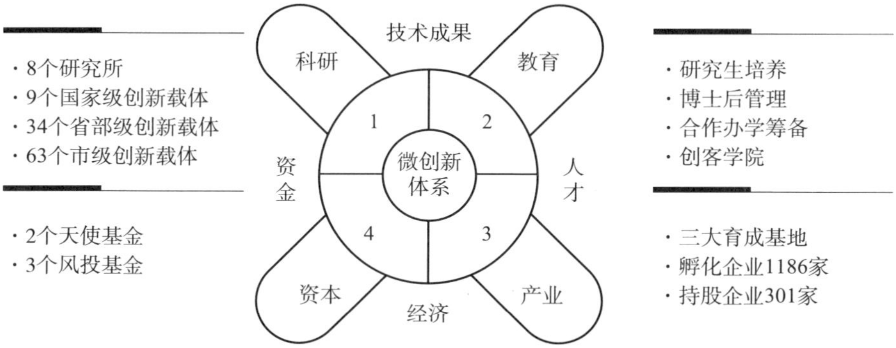

图 3-2　深圳先进院“微创新体系”

健康与医疗、机器人、新能源与新材料、大数据与智慧城市等前沿科学领域，催生出了一批重量级科研成果，为我国攻克“卡脖子”技术提供了重要支撑。

“学”指教育。深圳先进院一直坚持科教融合发展，不断创新学生培养模式。目前深圳先进院已获批 9 个硕士自主招生点、2 个博士自主招生点，全院国际化导师达 408 人（博导 262 人），已累计培养研究生近 5000 人，全年招收博士后 307 人，在站人数达 702 人，占全市在站博士后人数 10%。未来，深圳先进院将依托中科院深理工的建设，探索“政民共建、科教融合”新型体制机制，通过“三院一体”模式，为国家培养国际化、创新型、复合型领军人才。

“产”指产业。深圳先进院打造面向产业和市场需求的成果转化体系，积极推动科研成果运用于企业中，转化为生产力。深圳先进院已经与华为、商汤、中广核等龙头企业开展了技术合作，还依托自身的创新体系孵化出了上海联影医疗科技有限公司、深圳中科乐普医疗技术有限公司等行业“独角兽”。

“资”指资本。深圳先进院与社会资本合作，共同设立了 5 只产业基金，规模共达 50 亿元，并通过天使投资、风险投资等方式，促进科技产业的不断发展壮大。

3.4.2 六大功能营造创新生态

深圳先进院围绕基础研究、技术攻关、成果产业化的创新链，打造基础研究中心、核心技术开发中心、产学研合作中心、科技成果转移转化中心、应用型人才培育中心、深港创新合作中心等六大功能。

基础研究中心。深圳先进院未来将依托深理工的建设，以及深圳先进电子材料国际创新研究院、深圳市合成生物学创新研究院、深港脑科学创新研究院三个基础研究机构的建设，面对国家推动粤港澳大湾区国际科技产业创新中心建设的战略需求，以“国际资源汇聚”“重点领域突破”“全球科技开放”为建设原则，积极开展前沿领域的基础研究，为解决“卡脖子”问题，助力我国科技创新由跟跑为主转向更多领域并跑、领跑。

核心技术开发中心。深圳先进院与传统的各类科技创新机构、孵化器、产业技术研究院的不同之处，是其紧紧围绕国家和区域经济社会发展的重大需求，整合中科院以及全球各类优质创新要素，与地方政府建立密切的合作关系，开展本地重点产业发展领域的关键共性技术、前沿颠覆性技术和先进实用性技术等技术攻关，加快孵化一批创新型中小型企业，推进区域科技创新能力提升和产业转型升级实现重大突破，引领深圳科技产业发展。

产学研合作中心。深圳先进院以市场需求引导产业方向，建立了开放研发机制，与企业携手共进，推动产业化合作的“源头对接”，合力推动产业化跨越式发展。深圳先进院能够有效促进政府、高校、科研机构和企业四大创新主体的深度融合，打通创新各环节的双向表达通道，促进高质量创新要素和成果高效传导和流动，形成创新合力，提升创新全链条整体效能。

科技成果转移转化中心。深圳先进院是区域科技产业研发和创新的高地，科技成果十分丰富。为了克服传统科研机构科技成果转化率低，科技、产业“两张皮”，转化能力不足的问题，深圳先进院依托自身创新成果和科技人才优势，设立了转化处、发展处，加快推动院地合作与技术转移转化，发挥市场的配置能力，积极与社会资源共同创办高技术企业，促进科技成果与区域企业的对接协调和服务，组建产业联盟和行业协会，构建良好的产学研创新体系，使产业与科研协同发展，促进科技与经济的融合。

应用型人才培育中心。区域创新能力的提升，不仅要有先进的技术，还要有应用型专业人才的支撑。深圳先进院积极促进产科教融合，建立了本硕博一体化的人才培养机制，强化人才的创新和应用能力的培养。一方面，吸引产业界的研发人才到深圳先进院共同开展研究或创新活动，使理论与实际相结合，在实践中培养应用型人才；另一方面，与高校、企业合作建立国家级工程实践教育中心，通过特色培养、导师指导、辅导服务等，围绕先进技术、应用技术研发和科技成果转化，培养和锻炼一支同时具备科技管理、科技创新、成果转化等方面的高素质人才队伍。

深港创新合作中心。深圳先进院利用深港在科技、产业、教育等方面的合作基础，不断促进内地和香港创新资源的链接，支撑深圳建设国际科技产业创新中心。目前，深圳先进院深入贯彻国家“一带一路”倡议和粤港澳大湾区建设重大战略、落实深圳市委市政府“打造可持续发展的全球创新之都”的要求，布局深港科技创新合作区，积极探索在香港建设深圳境外园区开展创新研究的“带土移植”模式，充分发挥深港在科技创新方面的协同效应，汇聚国内外一流的创新资源，开展基础性、前瞻性、战略性的基础研究，实施重点领域核心关键共性技术攻关，探索科技创新开放合作新模式，共同为粤港澳大湾区打造国际科技创新中心做出积极贡献。

第 4 章

新型科研机构的建设范式：深圳先进院八大经验

· 深圳先进院的理事会治理机制、科教融合模式、产学研协同的“微创新体系”等创新经验，为国内发展中的新型科研机构提供了“深圳经验”和“深圳模式”。

· 深圳先进院采用了理事会领导下的院长负责制，建立了市场需求导向的组织架构，充分激发了机构活力，提高了深圳先进院工作效率，团队工作积极性大幅提升，形成了“敢想敢干”的文化氛围。

· 深圳先进院坚持需求引领，其发展目标根据国家和深圳市各时期的发展需求而变化，布局了健康与医疗、机器人、新能源与新材料、大数据与智慧城市四大领域，还根据实际情况突出学科的交叉，强化集成创新的作用。

· 深圳先进院坚持科教融合模式，培养了一批满足科技产业发展需求的人才。深圳先进院积极创新学生培养形式，通过产学研协同培养模式、多模态和多类型人才培养模式、创新型博士后培养模式等方式培育了一批科研人员，未来将探索依托高水平科研机构建设研究型大学的新路。

· 科学研究与成果产业化相结合是新型科研机构的重要优势，深圳先进院聚焦于工业技术开发，通过发展技术科学，实现关键技术开发与推进基础研究的双重目的，并加强与社会资本合作，推动产业化的发展。

· 深圳先进院在运营管理方面开展了一系列的创新，形成了覆盖全球的多层次、多渠道的人才引进模式，构建了“年度绩效—3H 福利—成果转移—股权激励”的人才激励体系。深圳先进院采用“合同科研”的模式，对项目全过程进行监管和评估。深圳先进院立足工作实际，根据不同发展阶段的需求和国家科技政策的变化，不断调整和优化财务管理制度。

4.1　组织运行框架：理事会治理制度

深圳先进院借鉴国际经验，创新采用了理事会治理制度，以市场手段为导向，打破行政管理层级限制，追求效益最大化，充分激发了机构活力、提高了工作效率、完善了民主化决策程序、调动了团队工作积极性。深圳先进院还紧扣科技产业的发展需求，不断整合相关创新资源并优化自身的组织架构。

4.1.1　新型科研机构组织模式

新型科研机构的组织模式应能够促进创新和成果转化。国际上新型科研机构一般实行理事会领导下的院长负责制，理事会作为机构最高的决策部门，负责组织的战略定位和发展方向等重大决策。如弗劳恩霍夫协会借鉴现代公司组织模式、巴特尔纪念研究所建立了理事会领导下的公司治理架构。这些责权清晰的组织架构既能够实现“投管分离”，又能很好地贯彻执行上层的重大决策和任务。

专栏4-1　国际新型科研机构治理模式

1. 弗劳恩霍夫协会借鉴现代公司组织模式

德国弗劳恩霍夫协会是以协会身份注册的独立社团法人，是民办、公助的非营利科研机构，是欧洲最大的应用科学研究机构之一。弗劳恩霍夫协会在德国各地设有1个总部和74个研究所，拥有超过2万名研究人员（包括研究生、博士后），分布于德国的40个地区，在欧洲其余各地、美国、亚洲均设有研究中心和代表处。德国弗劳恩霍夫协会组织管理架构借鉴了现代公司的模式，主要为会员大会、理事会、执行委员会“三会”统筹管理的架构，高层管理者会议协调，并根据领域划分设置学部，学部下设研究所。弗劳恩霍夫协会应用研究促进协会组织架构如图4-1所示。

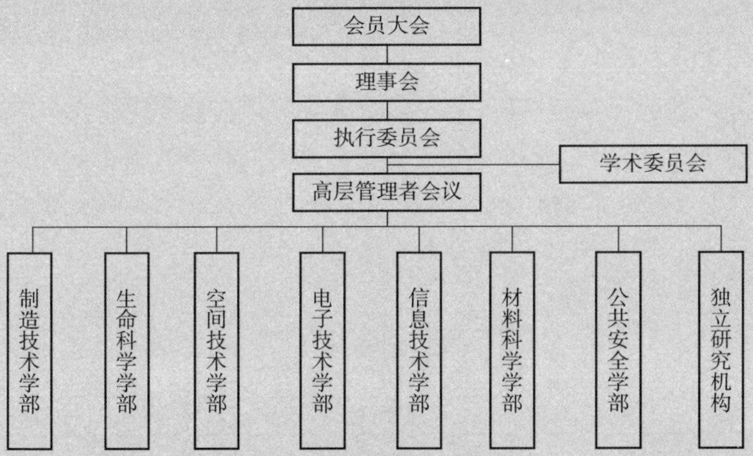

图 4-1　弗劳恩霍夫协会应用研究促进协会组织架构

其中，会员大会是最高权力机构，负责理事会的选举、协会年度报告审查、预算方案审查，同时监管理事会运行，制衡理事会权力。理事会是弗劳恩霍夫协会最高决策机构，其成员由政府、学术界、商界专业人士共同组成，负责任免学部负责人、审议协会发展计划及决议研究所成立或变动等事项。执行委员会负责协会的日常管理，包括制定发展规划、内部机构设置、中层管理人员任命等。此外，高层管理者会议负责管理和运行中的总协调调度；学术委员会作为咨询机构，负责对协会发展规划及重大科研事项进行论证。弗劳恩霍夫协会各部门责权设置明确，职责上相互协作，权力上相互制衡，保证弗劳恩霍夫协会健康发展。

2. 巴特尔纪念研究所建立了理事会领导下的公司治理架构

商业化运作与专业化管理有机结合是美国巴特尔纪念研究所治理架构的重要特色。巴特尔纪念研究所按照商业机构运行的模式建立理事会领导下的公司治理架构，形成决策层和执行层的双层管理模式。理事会承担决策和监督职能，由政府官员、企业高管、专家学者的兼职人员组成，设立审计委员会，人力资源、薪酬和管理委员会等机构，执行层实行首席执行官负责的职业经理人制度，实现商业化、专业化运营，根据业务板块和公司运营的要求配备管理团队，设有执行副总裁兼首席财务官、全球国家实验室管理执行副总裁等。配备的高管人员，大多具有在大学、国家实验室、跨国企业等多个不同领域的职业经历，如巴特尔纪念研究所现任总裁杰夫瑞作为冶金学博士，曾在斯坦福大学、洛克希德公司工作过，还担任过橡树岭国家实验室主任。巴特尔纪念研究所治理架构如图 4-2 所示。

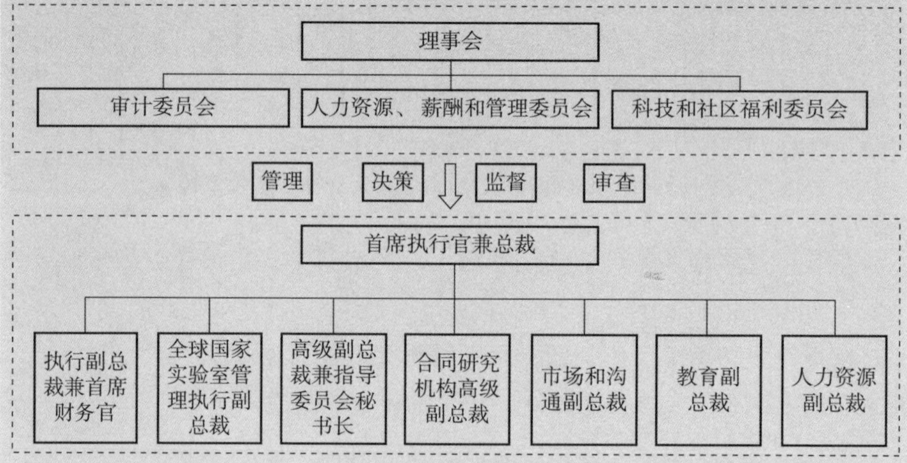

图 4-2　巴特尔纪念研究所治理架构

4.1.2　深圳先进院理事会治理制度

深圳先进院借鉴了国际先进经验，在国内率先采用了理事会领导下的院长负责制的管理制度，理事会由中科院、深圳市政府、香港中文大学三方组成，院领导班子由中科院、深圳市政府、香港中文大学选派 6 人组成，从决策、执行和监督三个层面安排了各自的权利、责任和利益。理事会是深圳先进院最高决策机构，负责决定深圳先进院的重大问题，制定修改章程，审议批准发展战略规划，确定科研方向，审议预算和经费分配，审议年度工作报告和任免深圳先进院院长、副院长，组织对院长及领导班子的定期考核评价。院长是深圳先进院的主要执行负责人，全面负责深圳先进院日常各项业务和工作。副院长协助院长工作，受院长委托主管某一方面的工作。理事会治理制度在很大程度上避免了行政力量对科研工作的过度干扰，有效地保障了深圳先进院科研和运营的效率，提高了人、财、物的资源配置。

专栏 4-2　中国科学院深圳先进技术研究院管理通则（试行）相关内容

1. 先进技术院理事会主要职责是：

（1）制定修改先进技术院章程，审议批准发展战略规划。

（2）审议批准院长任期目标、院年度工作报告与年度工作计划。

（3）审议院年度财务决算报告和年度预算方案。

（4）审议重大对外合作及投资方案。

（5）提出院长、副院长建议人选。

（6）组织对院长及领导班子的定期考核评价。

2. 先进技术院设院长一人，副院长若干人。院长是先进技术院法定代表人，全面负责先进技术院各项工作。副院长协助院长工作，受院长委托主管某一方面的工作。院长的主要职责是：

（1）贯彻执行国家、地方法律法规与中国科学院方针政策、规章制度与管理标准。

（2）根据中国科学院科技创新部署与经院理事会批准的发展战略规划，正确把握科技创新活动方向，制订工作计划，科学配置资源，优化组织结构，优选创新团队，加强支撑服务，实现科技创新价值最大化。

（3）负责与国家创新体系各单元联合合作，努力推进知识技术转移转化，促进科技成果规模产业化，并有效保护深圳先进院各项合法权益。

（4）负责研究生教育与科技、管理、支撑人才的选拔培养，积极向社会输送人才。

（5）负责国际科技合作与学术交流。

（6）积极支持党委、职工代表大会的工作并接受其监督。

（7）负责该院日常行政管理工作，履行法定代表人相应职责并承担相应的法律责任。

与传统的事业单位受“主管部门垂直管理”的“统治型”机制不同，理事会制度下的法人治理是一种权力相互制衡的治理关系。理事会管理制度能够充分激发机构活力，使深圳先进院以市场手段而不是行政权力为导向，打破行政管理层级限制，追求效率、效益最大化，形成了“敢想敢干”的创新文化。

4.1.3　市场需求导向的组织架构

深圳先进院紧扣科技产业的发展需求，依托自身丰富的创新资源和强大的品牌影响力，不断整合相关创新资源并优化自身的组织架构。2010年，为加快科技与产业的协同发展，推进“双螺旋”战略，深圳先进院成立育成中心。2012年，为了弥补高端人才的不足，深圳先进院成立深圳市首个计算机科学与技术博士后科研流动站，为培养高层次人才提供新平台。2013年，为了提升深圳市工业创新创意水平，深圳先进院与深圳市工业设计行业协会联合成立创新设计研究院，为深圳市乃至全国的工业制造业提供创新设计咨询、创客平台、设计教育、成果孵化等专业服务。2013年，深圳先进院成立特色学院“中国科学院大学深圳先进技术学院”，进一步完善“科研、教育、产业、资本”四位一体模式。2014年，深圳先进院积极响应国家“双创”的号召，成立中科创客学院，助推全社会创新创业的发展。2015年，深圳先进院经营性国有资产管理委员会、经营性国有资产管理办公室成立，进一步加强国有资产管理。

4.2　科研攻关模式：紧扣科技产业需求的科研体系

深圳先进院围绕国家经济社会重大需求、地方重点产业发展、科技发展趋势和未来发展的前景等，聚焦IT和BT，布局健康与医疗、机器人、新能源与新材料、大数据与智慧城市四大领域，突出学科间的交叉融合，促进学科间的集成创新。

4.2.1　新型科研机构的研发方向

根据科学研究的象限模型，科学研究分为波尔象限（纯基础研究）、巴斯德象限（应用引发的基础研究）、爱迪生象限（纯应用研究）、皮特森象限（技能训练与整理经验）。先进科研机构一般聚焦于巴斯德象限，即围绕国家（地区）战略、科技发展趋势和未来发展的前景、产业核心关键领域、社会民生重大需求等，来确定机构的重点研发领域。例如，美国能源部国家实验室以国家战略目标为导向开展研发工作，日本产业技术综合研究所主要选择与未来产业发展紧密相关的基础研究课题，中国台湾工业技术研究院的研发以产业界需求为导向。新型科研机构的科研不仅要求在创新价值链上定位，而且要求在研发内容上也进行创新，科研方向不能只聚焦核心研究领域，还要注重学科交叉综合。

专栏 4-3 国际新型科研机构研发领域和技术选择

1. 研发领域

弗劳恩霍夫协会定位于以共性技术为主的应用型研究，主要从事技术和生产工艺的开发与优化、新技术推广、产品测试、科技评估、认证服务等科技研发和服务工作。弗劳恩霍夫协会的研究分为两大类：一类是面向产业界现实需求，围绕企业发展中所遇到的技术难题，提供技术和产品研发服务；另一类是依托协会自身强大的研发实力，面向未来产业所开展的导向性研究。协会总部围绕学科领域设立7大技术联盟，联盟之下共设有74家研究所，各研究所自主开展工作。弗劳恩霍夫协会契合了德国国家创新体系的要求，协会定位于应用研究，在从事基础研究的高等院校板块与从事产品、服务开发的产业研发板块间建起一座联系的桥梁，相当于一种嵌入国家创新体系内的、专注于应用研究和技术转化的组织单元，与其他的创新主体之间建立起良好的分工和合作关系。

日本产业技术综合研究所主要选择与未来产业发展紧密相关的基础研究课题，主要研究领域包含能源与环境、生命科学与生物技术和纳米技术与材料制造等7大领域。

中国台湾工业技术研究院的研发以产业界需求为导向，以推动创新产业的发展为核心任务，早年为中国台湾IC产业和个人电脑的研发先驱，近年来面对科技产业变革，工业技术研究院重点研究AI人工智能、半导体芯片、通信、资安云端四大智慧化共通技术，聚焦智慧生活、健康乐活、永续环境三大应用领域的研发方向。

2. 技术选择

德国费劳恩霍夫协会采取了国际化战略，与全球各领域优秀的企业、科研机构合作开发应对全球环境和民生问题的技术解决方案，同时在欧洲其余各国、亚洲、中东等地区设立了研究中心、代表处和联络处，积极探索国外前沿技术并寻求国际合作。

日本产业技术综合研究所采取了“自上而下”的技术选择方式，通过前景预测法进行技术预测，根据社会发展需要初步拟定研究主题，并由经济产业省和产业界高层人员共同研究确定研究主题，再由研究院所有员工集体商议，最终确定研究项目并通过互联网公示项目。

4.2.2 需求牵引的科研布局

深圳先进院在科研布局方面坚持学术和研发并重，始终坚持“顶天立地”，即学术上和国际接轨，强调对国际重大前沿技术的探索，做到“顶天”；研发领域的选择，强调研发成果和深圳市战略性新兴产业相匹配，突出经济社会的需求牵引，做到“立地”。因此，深圳先进院围绕国家经济社会重大需求、地方重点产业发展、科技产业发展的趋势，确立了生物技术、信息技术两大领域，布局健康与医疗、机器人、新能源与新材料、大数据与智慧城市四大领域，还根据实际情况突出学科间的交叉，强化集成创新的作用。深圳先进院科研布局情况见图4-3。

深圳先进院坚持以需求为牵引，其发展目标根据国家和深圳市各时期的发展需求而变化。第一阶段，根据深圳市电子信息产业快速发展产生的智能制造、新材料、新能源等领域的需求，深圳先进院布局集成技术、机器人、新材料、新能源等领域；第二阶段，在深圳市提出重点发展“BT+IT”的背景下，针对深圳市生命健康领域共性技术需求，深圳先进院切入

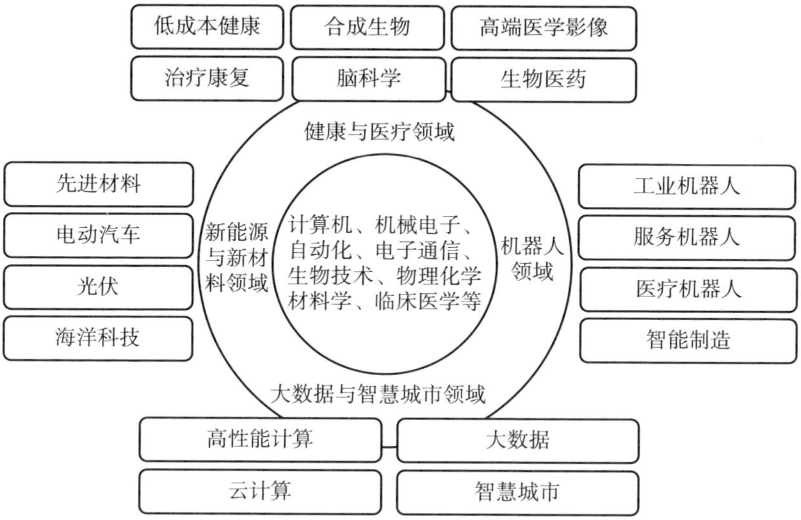

图 4-3　深圳先进院科研布局情况

低成本健康和高端医学影像等领域，积极组织相关核心关键技术攻关；第三阶段，由于人工智能、大数据、云计算、物联网等科技产业的快速发展，国家高度重视大数据、智慧城市，深圳先进院开辟出相应的大数据、超级计算的科研方向。

深圳先进院还针对国内外科技创新的焦点领域开展研究和技术攻关。如布局生物医药和脑科学等生命健康领域，并针对肿瘤精准医疗、抗肿瘤药物研制与脑疾病研究等组织攻关。

专栏 4-4　深圳先进院技术科学研究工作对技术瓶颈的识别

与 NIH 和 DARPA 完全对相关政府部门负责、完成指定任务导向的模式不同，深圳先进院的很多研究导向，即有关技术瓶颈的知识部分来自与产业界的合作和交流，这一环节是深圳先进院创新成果交付与创新创业工作的前端，从某种意义上讲也是技术科学工作的前端。以产业交流与合作形式定义的这一前端，使得深圳先进院的创新团队在研究工作开始之前，就为日后的转化，以及产业合作埋下伏笔，寻找到应用的可能场景。在创新过程中，国家战略与产业需求的前端一旦固定下来，就与科学家的自由探索动态（宽频谱）、充分（全流程）地结合起来，形成了“稳住一头、放开一片”的局面。深圳先进院每年与企业的交流不少于3000人次，每年有100多家企业与深圳先进院达成实质性的协同创新合作。

4.2.3 中心制的团队攻关模式

深圳先进院的科研布局逻辑在科研组织形式上，没有采取高校的PI制（课题组长制），而是实行研究中心制，强调团队攻关，集中力量办大事，提供核心技术和系统级解决方案。由于现代科学的发展，学科交叉的趋势越来越明显，单靠一个学科已经难以解决重大科学问题，深圳先进院打破传统的一级学科、二级学科的布局形式，推动学科间的交叉融合，促进学科间的集成创新。面对大型战略研究课题的时候，深圳先进院可以组织多个研究中心共同攻关，形成学科交叉、集成创新优势。低成本健康产业从无到有、机器人产业从小到大、医疗影像产业从弱到强的过程，体现了深圳先进院坚持学科交叉、团队攻坚的价值和作用。值得关注的是，深圳先进院所倡导的“IBT”未来产业方向，实际是希望通过信息技术与生物技术的高度融合，实现在医疗器械、创新药物、脑科学等多个学术方向的重大突破。

同时，深圳先进院每年还对研究所、研究单元、职能部门进行考核，对年度规划任务完成情况及完成质量、年度工作亮点进行评估。院长办公会根据各研究所、研究单元、职能部门的考核结果对各部门（单元）的年底绩效进行调节。深圳先进院还会动态根据科技布局调整需要和考核评估结果，对不符合科技发展趋势和学科布局、考核情况不理想的部门（单元）和学科，进行调整甚至撤销。

专栏 4-5　《深圳特区报》：十年磨一剑

——中科院深圳先进院探索科研机构体制机制创新纪实（2016，节选）

"科研院所如果不跟市场结合，一定是没有出路的。"樊建平介绍，深圳先进院定位"工研院"，现已合作企业500余家，合作金额到款3.5亿元。深圳先进院牵头成立机器人、低成本健康、北斗等多个行业协会和创新联盟，形成产业集聚效应；先后建立了4个不同领域的孵化基地，在全国孵化面积超过20万平方米，实现网络化布局，营造产业生态环境；与地方政府或行业协会共建了5个溢出机构。

10年来，先进院孵化企业450家，其中参股168家，参股企业中市场估值超1亿元企业达27家，其中专注做高端医学影像的"上海联影"估值超200亿元；目前有3家公司已上市，1家进入上市环节。先进院拉动社会资本30亿元成立5只投资基金，有效助推"十三五"重点领域的成果产业化，使得科技成果转化流程更加顺畅，"研、学、产、资"形成具有示范和带动效应的有机整体。

建院10年来，深圳先进院作为科技"国家队"植根于深圳这片创新沃土，依靠体制机制创新，经历科研条件从无到有，团队规模从小到大，不尚空谈，致力实干，在科技服务区域经济和产业发展的道路上不断开枝散叶，谱写出了一篇篇动人的创新乐章。

4.3　教育教学模式：坚持"科教融合"

科学研究与高等教育的深度融合是满足科技产业发展的必然选择，深圳先进院创造性地提出以"科教融合"为核心，以产业和资本为支撑，服务和支撑"科教融合"板块。为了提升学生的质量、克服招生指标的制约，深圳先进院通过产学研协同培养模式、多模态和多类型人才培养模式、创新型博士后培养模式等方式，培育了一批科研人员。未来，深圳先进院将加快建设中科院深圳理工大学，完善人才培养全过程。

4.3.1 科教融合是高等教育发展的必然选择

科学研究与高等教育的深度融合既是世界科学技术发展的趋势，也是培养具有较高创新能力和满足社会需求的创新型人才的必然选择。如美国斯坦福大学坚持从教育教学到科学研究与硅谷紧密地融合在一起，斯坦福大学与硅谷的协同融合发展模式为双方的发展创造了更为广阔的空间；英国牛津大学与牛津郡的协同发展，提升了地区经济社会发展的综合影响力，地区经济社会的快速发展也为牛津大学的发展提供了良好的保障。

专栏 4-6 国际上科教融合发展成功案例

美国斯坦福大学坚持开放办学，从教育教学到科学研究都与硅谷紧密地融合在了一起。一方面，斯坦福大学与硅谷的深度融合解决了大学自身经费不足的难题；另一方面，大学通过双方合作培养和锻炼了适应市场需求的高技术人才，为硅谷源源不断地注入新的科学技术和创新力量，斯坦福大学与硅谷的协同融合发展模式为双方的未来发展创造了更为广阔的空间。

英国牛津大学与牛津郡发展科教融合，19 世纪 60 年代的牛津郡以农业为主，随着牛津大学的人才培养、科学技术的创新与应用，其对牛津郡及周边地区的经济社会发展的影响力和贡献度不断提升。牛津大学不仅带动了牛津地区经济的快速发展，还提供了大量的就业机会，成为牛津城中仅次于健康服务部门的最大雇主。据相关学者的测算，牛津大学对地区经济影响的基本凯恩斯指数为 1.34，即牛津大学每支出 1 英镑，就为地区增加 0.34 英镑的额外收益，可见牛津大学对地区经济社会发展的综合影响力非常明显，地区经济社会的快速发展也为牛津大学的发展提供了良好的保障。

4.3.2 坚持以“科教融合”为核心

国内传统科研院所强调以科研为核心，但在涉及成果转化和产业化的时候，往往陷入边界不清晰、过度商业化、低水平重复研究的泥淖，导致科研板块的核心价值受到影响。深圳先进院针对这些问题，创造性地提出以“科教融合”为核心，以产业和资本为支撑，服务和支撑“科教融合”板块。深圳先进院整个发展体系中，科教融合是最核心的，一方面强调学术引领、产业牵引、交叉融合、集成创新，科研项目的选择以可预见的应用和重大效益前景为标准；另一方面强调科研离不开学生，教育坚持需求导向，探索依托高水平科研机构建设研究型大学的新思路。

深圳先进院坚持“科教融合、协同育人”的理念，全面推进研究教育工作。深圳先进院获批中国科学院大学第一批的专业学院、国科大科教融合学院、深圳市第三所特色学院；获批 4 个一级学科博士培养点和 8 个学科硕士培养点；获批深圳市计算机科学与技术博士后流动站；与境内外 18 所高校建立起联合培养机制，已累计培养了来自 12 个国家和地区的学生近 7000 人。学生培养质量获学术界和产业界认可，具有获奖学金多、论文参与程度高、就业起薪高等特点，学生荣获了中科院的学生最高奖励——“中科院院长特别奖”，荣获多个海外学术奖励；学生参与完成了深圳先进院论文专利总数的 48%；毕业生中 79%从事科研开发岗位，51%进入华为、百度、腾讯、阿里巴巴、大疆、网易、迈瑞等高科技企业工作，优秀毕业生起薪达 27 万元/年，自主创业的学生中有的已获 2.1 亿元投资。

与科研实践结合的人才培养方式。深圳先进院注重通过科研实践培养人才，在学生培养过程中非常注重科学研究，学生有机会参加大量的、正在进行的实验室研究活动，在做科学研究的过程中培养科学家，在创造知识的过程中服务社会。深圳先进院强调科学研究的目的是解决实际问题，强调问题导向，科学研究不仅是为了出科研成果，关键是解决人类面临的各种科学难题。同时，深圳先进院鼓励学生在实验室中提出研究设想和组织科研活动，利用专业知识和研究机构的资源，在不同方向扩展科研范围。

深圳先进院非常重视学生交叉学科知识和交叉学科研究能力的培养。未来科学需要青年科学家具备创造能力和分析能力，与一般大学将实验室以及教师分到特定的独立的学科不同，深圳先进院鼓励和支持协作、合作，通过学习交叉学科知识解决复杂问题。这种交叉学科的学习理念已经是研究型教育的有机组成部分，它在高等教育项目中有所体现，精心设计的课程使学生能够关注不同研究领域的相互影响。深圳先进院在中国科学院三期知识创新工程中建设了“1+10”科技创新基地，科技创新基地是跨学科、跨机构重大科技创新活动的组织形式，凝练重大科学目标和重大应用目标，这种独特的组织形式为进行多学科交叉融合、开展系统集成创新、培养造就跨学科优秀人才提供了良好的制度保障。

深圳先进院依托中科院深圳先进院实验学校，推动科学与基础教育深度融合。中科院深圳先进院实验学校在开展教育教学的过程中，积极倡导“科学+”的理念，通过“科学+目标制定”“科学+组织管理”“科学+课程建设”“科学+教学实施”“科学+教育评价”等路径，为教育教学注入“科学”基因，以外部的科学知识、科学工具和方法、科学人才等为基本元素，注重强化师生的科学意识，培养师生的科学能力，进而形成一定的科学作风，将科学精神、科学态度、科学思维、科学方法等科学素养内化成师生为人处世的价值观和方法论。学校从2016年开设“博士课堂”，截至2020年，已有超过40位博士教师参与其中，并按教育部科学门类完成了70余门前沿科学课程的开发，提供“博士课堂”730节，覆盖大湾区中小学生超1万人次。

4.3.3 创新学生培养模式

深圳先进院通过产学研协同培养模式、多模态和多类型人才培养模式、创新型博士后培养模式等方式，不断提升学生质量和数量。目前，深圳先进院已获批9个硕士自主招生点、2个博士自主招生点；2020年新增联培高校6所，累计14所。全院国际化导师达408人（博导262人），85%具有海外经历。国际化课程体系逐步完善，已有来自15个国家和地区的43位国际学生。已累计联合培养学生逾7500人，全年招收博士后307人，在站人数达702人，占全市在站博士后人数的10%，成为深圳市人才培养的一个新基地。

（1）产学研协同培养创新创业复合型人才新模式

深圳先进院结合经济社会需求，依托丰富的科技、产业资源，搭建了从教学保障核心知识，到科研培养创新能力，再到产业锻炼综合素质三个层次的协作体系，促进了经济社会紧缺人才的培养，有力地支撑了区域产业经济的转型升级，有效解决了产学研“貌合神离”的堵点、人才培养与社会需求脱节的痛点、理论教学与实践教学“两张皮”的难点。深圳先进院产学研协同育人体系如图 4-4 所示。

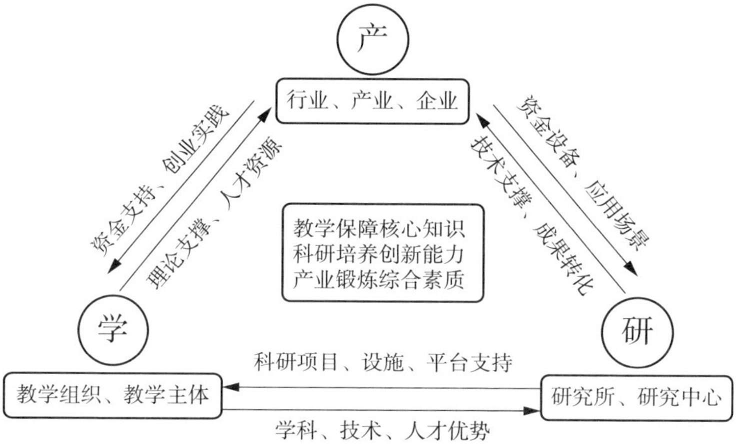

图 4-4　深圳先进院产学研协同育人体系

深圳先进院推动产学研协同的主要措施有：一是构建产学研融合的“IBT”特色课程体系。深圳先进院改革教学体系，邀请资深科研导师及具有丰富实践经验的产业专家共同参与“IBT”课程体系建设和授课。如先进院“电子信息”非全日制硕士的课程，专业核心课程（12 学分）注重跨学科、科技前沿和产业发展的趋势，由先进院科研一线教授负责讲授；专业选修课程（4 学分）以科技和产业前沿案例课程为主，定期邀请包括厄温·内尔、汪正平等国内外院士、专家，以及王石、汪健等知名企业家在院开设讲座。二是将最新科研产业成果编入自主开发的教材。深圳先进院建立了科研产业成果转化教材讲义奖励机制（开发奖励+年度考核指标），每年保证 20% 的课程讲义及教材更新，目前主编、参编 68 套教材、专著，在教学实践中广受好评。如曲强教授出版的《区块链+人工智能：

下一个改变世界的经济新模式》一书，其实施的“区块链+人工智能”教学方法与内容，显著提升了学生工程实践能力。三是建立“学术+企业”双导师队伍。一方面要求学术导师参与产业合作，将产业合作任务列入导师的年度考核指标，鼓励学术导师“有故事”教学；另一方面健全企业导师管理制度。先进院现有导师328人，其中来自华为、优必选等企业的高管及技术骨干企业导师20人。四是搭建全方位的产学研协同育人实践平台。先进院依托建制化的科研优势，让学生在一流科研平台参与高水平科学研究。借助宽领域的产业合作资源，为学生提供产业实践平台和企业真实项目。先进院设立了国科大教育基金会先进院分基金，为学生实践提供支持；搭建“中科创客学院”平台，为学生提供双创辅导、风投资金及运营支撑等保障。

专栏4-7　产学研协同培养创新创业复合型人才案例

陈实富同学于2007年开始在深圳先进院攻读硕士学位（中科院计算所联合培养），师从香港中文大学王平安教授。在深圳先进院学习期间，陈实富开发了GPU并行计算方法的CT重建和医学影像配准算法。2010年毕业之后，他到著名半导体和AI企业NVIDIA工作，先后任职GPU计算专家和系统软件工程师。2013年，在认识到自己还需要再次提高之后，陈实富回到深圳先进院，再次攻读博士学位，师从辜嘉研究员。

2014年，陈实富与许明炎、方文、温媛三位高中同学联合创立了深圳市海普洛斯生物科技有限公司（以下简称“海普洛斯”），任首席技术官。经过7年的发展，该公司已经成长为全球领先的以肿瘤液体活检技术和基于基因大数据AI算法为双轮驱动的国家高新技术企业。该公司在基因测序、液体活检、生物信息和大数据等领域具有独创技术和核心优势，先后获得磐谷创投、软银中国、优选资本、深创投等国内外顶级投资机构多轮注资，荣膺深圳创新企业70强、2018深圳准独角兽企业、2019深圳领先生物科技企业20强、2020深圳行业领袖100强等称号。海普洛斯目前是广东省肿瘤液体活检工程技术中心依托单位。

除了在肿瘤基因检测方面的深厚积累，海普洛斯还在新冠肺炎抗疫方面做出了重大的贡献。早在2020年1月底，海普洛斯就参与了新冠检测试剂盒的研发，并且组建了新冠核酸检测独立实验室。海普洛斯的团队参与了深圳、天津、石家庄、广州和佛山的多次抗疫行动。2021年初，在河北疫情暴发之初，陈实富带领全公司89名抗疫队员逆行到石家庄，在面临严寒和物资短缺的情况下奋战25天，完成40多万人的采样工作，以及100多万人的检测工作。2021年5月，深圳及广佛等地又有疫情发生，海普洛斯团队迅速搭建移动负压实验室，在一个多月的时间内，完成了1000余万人份的核酸检测。值得一提的是，海普洛斯研发的HCOVIS信息系统，在深圳和佛山等地得到了重点使用，为抗疫成功提供了不可或缺的信息化力量。陈实富表示，海普洛斯之所以成为一家BT和IT技术高度融合的公司，和其在深圳先进院硕博期间所受的教育是分不开的。

在产业界发展的同时，陈实富还不忘继续在学术上耕耘。他把IT领域开源开放的精神在生物信息领域进行不断推广，发起了开源的生物信息组织OpenGene，并独立贡献了十多个高质量的生物信息学开源软件。近5年来，陈实富发表了30余篇国际期刊论文。其中，2018年9月其以一作兼通讯发表于*Bioinformatics*的论文被引已达1700多次。他提出了一系列的算法，解决了肿瘤超微量DNA测序的数据分析问题。他开发的一些软件，甚至已成为行业的标配软件。

“但是，最有成就感的事情，还是我们做的工作可以帮助治病救人”，陈实富这样表示。生命信息领域最让人激动的就是，你写的每一行代码，都是有生命的。6年前，曾经有一个年轻的患者，患了晚期的转移性肉瘤，生命已是垂危，在别的机构做了基因检测却没有分析出任何有价值的信息。正是陈实富开发的一个新软件，重新分析了这个患者的测序数据，找到了宝贵的基因突变靶点，让这位患者找到了治疗方案，并高质量地存活至今。像这样的案例还有很多，也正是这样的，一个个唤起生命奇迹的案例，激励着陈实富在生物医学领域持续探索。

（2）多模态、多类型人才培养模式

深圳先进院积极探索多元化的人才培养模式。虽然深圳先进院有多个研究方向，拥有一批具备带博士研究生资格的高水平研究员和海归团队，但受到招生指标的制约，每年能招收的学生根本无法匹配深圳先进院迅速发展的人才需求。因此，深圳先进院建立了包括中科院统招，以及联合培养、留学生、交换生、客座生等在内的多种培养形式。

中科院统招生指纳入中国科学院研究生院招生计划的研究生，其招生录取、学籍注册、课程学习、科研实践、论文答辩、学位授予等环节的管理按中国科学院研究生院有关规定执行。

联合培养研究生指在先进技术院与境内外著名大学或研究机构合作协议的框架下联合招生/培养的研究生。

客座研究生指已在学籍所在单位（大学、科研机构等）完成课程学习后进入深圳先进院进行科研实践和学位论文撰写的研究生。客座研究生学习工作期间，按标准发放生活补贴，提供住宿。客座研究生完成科研实践和学位论文撰写后，经指导教师审议，提交院教育委员会进行预答辩。通过预答辩的客座研究生，回学籍所在单位进行论文答辩。原则上，客座研究生在科研实践阶段形成的科研成果属深圳先进院所有。

留学生培养模式包括几个阶段：一是来华留学生首先在中国科学院大学（北京）进行集中教学，修读国际学院开设的全英文课程，包括初级汉语读写、初级汉语听说、中国概况等公共必修课，以及相应的专业课程。二是在集中教学结束后，学生进入深圳先进院进行科研实践和学位论文撰写，毕业要求与中国学生完全一致。深圳先进院请院内的外籍科研人员开设了全英文课程，供留学生选修。此外，深圳先进院定期组织留学生集体活动，如参观博物馆、庆祝春节、毕业生经验分享会等，引导留学生知华友华，更好地融入在华的学习和工作中。

深圳先进院自 2011 年开始招收留学生以来，已经拥有留学生导师 200 余名，累计培养了来自 20 多个国家和地区的 106 名留学生，留学生累计发表期刊论文 200 余篇，参与国际会议 100 余场。同时，深圳先进院与中国科技大学、香港中文大学、香港大学、华南理工大学等 30 多所境内外高校建立了教育合作关系。

专栏 4-8　深圳先进院留学生、客座学生培养案例

留学生培养模式。Mojisola Grace Asogbon 来自尼日利亚，是集成所神经工程中心的博士研究生，师从李光林研究员，研究方向是影响上肢截肢患者多功能假肢临床和商业应用的相关问题。Grace 同学毕业后将在中国科学院深圳先进技术研究院继续从事博士后工作。

客座学生培养模式。孟龙就是一名来自东北大学的客座学生，他在东北大学读研究生二年级时，导师鼓励他出来实习，于是 2008 年 6 月，他来到深圳先进院做生物医学工程专业的客座学生，指导老师是郑海荣研究员。郑海荣指导孟龙做的“声场的模拟与仿真”，这是郑海荣牵头做的课题的一小部分。孟龙做得非常认真，得到郑海荣的认可，从而得以在深圳先进院里继续深造，并考取了中科院的博士研究生，从客座学生转变成正式学生。在导师郑海荣指导下，孟龙成功地独立负责一个课题，最后成功实现了单个细胞水平上的给药与治疗，可以实现单细胞操作。2012 年，孟龙获得博士学位。

（3）创新博士后培养模式

深圳先进院以服务科技产业发展为导向，与企业建立了密切的合作关系，为产学研结合探索出新的有效模式。深圳先进院建立了博士后培养“试创基地”，构建了顺畅有效的在站培养指导流程，分类培养了一支跨学科、复合型的博士后人才队伍，为科技企业提供了一大批优秀人才，加速了科研成果落地，进一步提升了社会服务能力。深圳先进院拥有“计算机科学与技术”和“生物学”博士后流动站，以及深圳先进技术研究院博士后工作站。目前，深圳先进院在站博士后 715 人，已累计培养博士后超过 1188 人，出站 363 人；累计 319 人获得中国博士后科学基金会项目资助，获批学科涵盖生物学、材料科学与工程、生物医学工程、化学、药学、物理学，学科交叉特色突显，获批资助人数连续四年蝉联全国科研院所第一。截至2021年1月，中科院深圳先进院博士后出站留深人数比例近80%，为鹏城科技事业发展输出了一批高质量人才。

博士后培养的创新举措有：一是建立多元化的博士后分类发展、培养和评价体系。在全面提升博士后队伍结构和国际化水平的同时，构建顺畅有效的在站培养指导流程，通过论文、成果专利及科研项目立项多管齐下，造就一支跨学科、复合型的博士后人才队伍。二是加强“试创基地”培养模式建设。深圳先进院与华为、比亚迪、富士康、大族激光、商汤等深圳市59家企业建立稳定实质联合合作关系，2020年组建企业联合实验室4家。在院企合作过程中，建立博士后“试创基地”培养模式，双方形成博士后班级机制，累计招收221人。例如，比亚迪班第一期进站21人、第二期进站40人，华为班计划进站50人，针对性培养企业实用性人才。三是在工资福利、社会保险、子女入学等方面为博士后提供充分保障。在政策的大力支持下，博士后可以获得充足的科研经费和生活补贴，享受省资助15万元、市资助6万元日常补贴及出站留（来）深科研资助30万元。同时深圳先进院作为深圳市博士后设站单位，已获得日常经费补助1994.2万元。院内建立博士后群体交流平台，丰富博士后文体活动，促进各学科交叉融合。深圳先进院通过举办“前沿交叉科学与未来科技创新”全国博士后学术论坛、参加“博士后国际交流计划引进项目”学术研讨会、参加中国国际高新技术成果交易会等，在科学技术研究、产业化创新应用、人才培养与成长方面形成浓厚友好的群体氛围。

专栏4-9　深圳先进院企业联合培养博士后案例

杨帆为深圳先进院医药所退行中心与深圳市第二人民医院联合培养的博士后。2018年杨帆博士毕业于浙江大学生命科学学院，作为与深圳市第二人民医院联合培养的博士后，同年8月加入深圳先进院管敏研究员课题组从事博士后研究工作，主要研究方向为转录因子YB-1在肿瘤干细胞中的功能。近3年来，杨帆博士以第一作者发表SCI论文3篇，其中一区2篇，二区1篇。在站期间，以第一作者在生物

医学一区杂志 *Theranostics*（SCI，IF：8.063）发表研究论文，并主持国家自然基金青年基金项目1项。

黄申石为数字所高性能中心与中电科新型智慧城市研究院联合培养的博士后，于2019年7月入站，博士后导师是胡金星研究员。在博士后期间的研究重点关注智慧城市应急信息化领域，结合先进院在视频处理与人工智能技术的优势，开展城市行人的行为分析和人群疏散预测方面的研究。2019年10月，黄申石参与第九届火灾科学与消防工程国际研讨会，发表学术论文并荣获二等奖。2019年11月，其参与中国电子科技集团网络与信息安全管理员（计算机编程）决赛荣获第二名。2020年，其被评选为“中国电科技术能手”“中国电科青年岗位能手”，获得博士后联合培养创新基地表彰。

4.3.4　打造深圳市未来源头创新策源地

为了推进深圳市综合性国家科学中心的建设，弥补深圳市在基础研究领域的不足和短板，加快创建一流大学和一流学科，中科院携手深圳市政府，依托深圳先进院的科教基础共同建设中科院深理工。2016年中科院与深圳市签署《合作办学备忘录》，2018年11月签署《合作共建中国科学院深圳理工大学协议书》，标志着合作办学工作进入实质性阶段。中科院和深圳市双方依托深圳先进院建设中科院深理工，打造以理工为基础、科教融合的世界一流的研究型大学。目前，中科院深理工筹建已纳入粤港澳大湾区国际科技创新中心重大推进项目名录，已成为粤港澳大湾区国际科技创新中心和深圳建设综合性国家科学中心的重要组成部分。

专栏4-10　《中国科学报》：中科院深理工：
“为人才培养链条提供新的解题法”（2020，节选）

有“根”有“魂”深度融合

2018年，中科院携手深圳市，依托深圳先进院的科教基础，整合中科院粤港澳大湾区科研力量，共同建设中科院深理工。

2020年10月，中科院深理工确定选址光明科学城，总建筑面积56万平方米。当前，位于光明区内滨海明珠工业园的9.5万平方米的土地作为中科院深理工的过渡校区，于2021年上半年投入使用。

这是继中国科学技术大学、中国科学院大学、上海科技大学之后，中科院在国内设立的第四所大学，也是新的历史时期，深圳在高等教育建设上先行示范的全新尝试。

“过去深圳是经济特区，现在的定位是先行示范区，这就意味着深圳不仅经济要先行，在其他多个方面也要有新要求，比如高等教育就要走出一条新路，要与国际一流大学接轨，要为我国人才培养链条提供新的解题方法。”樊建平表示，“中科院深理工不是从‘0’开始，而是有‘根’有‘魂’的，它是在深圳先进院14年的体制机制发展和研学产资的成果上孕育出来的，二者是深度融合的关系。”

从联合研制中国首型3.0T核磁共振，到世界首创超声脑调控方法及验证系统；从成功制备新型模拟人类自闭症的非人灵长类动物模型，到自主研发的超薄芯片临时键合胶材料替代美国进口；从定量公式揭示细菌细胞生长周期，到揭示压力应激介导骨密度下降的全新神经环路……作为深圳首个科研“国家队”，如今的深圳先进院培养了来自15个国家和地区的825位博士后、累计输出人才1.3万人，2019年PCT专利总量位居全球第二，与产业界合作项目金额累计超20亿元，孵化企业达1025家，已打造出科研、教育、产业、资本“四位一体”的“微创新体系”。

“深圳先进院在2020年度新增国家杰青一位，新增优青人数居深圳第一，博士后科学基金获批人数五年蝉联全国科研院所第一。”樊建平介绍，“深圳先进院不仅做源头创新的‘生力军’、产业发展的‘加速器’，更致力于成为培育创新科技人才的‘乐土’。”

他表示，这份来自深圳先进院的“成绩单”，是深圳建设中国特色社会主义先行示范区在科技创新上先行示范的有力印证，也为建设中科院深理工提供了坚实的后备力量。

全球招聘　蓄势待发

2020年10月，中科院深理工向社会公众发出了首封“求贤令”，面向海内外公开招聘在生命健康领域拥有高学术造诣或潜力的英才。樊建平希望将中科院深理工办成一所中国最开放、国际化程度最高、与产业结合最紧密的大学。

目前中科院深理工全职教职人员均具备博士学历，其中60%具有海外经历，拥有包括中国和发达国家在内的院士6人、国家杰青10人、教育部长江学者3人，依托深圳先进院获批国家、省市级人才计划总计1200人次，并“整团队成建制”引进32支创新团队，建设2个诺奖实验室。

据介绍，中科院深理工将打造科教融合、产教融合、粤港澳合作与国际化办学三大特色。其中，在科教融合方面，以一流的科研机构支撑拔尖人才培养，注重学科交叉与集成创新，贯通E（工程）-T（技术）-S（科学）创新发展路径；在产教融合方面，构建“0-1-N”的全链条培养体系，培养具有“科学素养、管理基础、创业基因”的复合型人才；在粤港澳合作与国际化办学方面，面向国内外引进高水平、国际化的教师队伍，提升国际化教学水平，计划引进30%的国际师资、20%的国际学生队伍，设立国际化课程体系，与国际一流高校密切合作。

谈到对未来大学的愿景，中科院深理工首任药学院院长陈有海认为，建立大学的最终目的是解决一些社会需求，大学与大学之间的差别在于对社会的影响力有多大、对社会的贡献有多少。“比起名次，我们更希望挖掘新的知识，培养尖端人才，真正做到造福社会。”

中科院深理工将建立与国际接轨的大学人力资源体系，创建有利于从“0”到“1”的发明、发现的科研环境，与产业无缝接轨的创新、创业环境。中科院深理工瞄准粤港澳大湾区创新发展，面向未来产业科技与人才需求，未来将建立“三院一体”培养模式，办学初期设置“9个学院、8个研究院、4个书院”（见图4-5），培养全素质人才。学院主要承担知识体系的构建和教学任务，奠定学生坚实基础知识。办学初期开设学院包括马克思主义学院、计算机科学控制工程学院、生物医学工程学院、生命健康学院、药学院、材料科学与技术学院、工程生物学学院、本科基础教学部、商学院。研究院跨学科开展科研工作，引领科技创新发展，其包括生物医学工程研究院、数字所、战略高科技研究院、合成生物学研究院、深港脑科学研究院、深港生物医药研究院、机器人研究院、电子材料研究院。书院重在通识教育，侧重思想政治教育，完善人格培养，以党的建设和思想政治教育为本，以政治历史文化艺术等综合素质教育为纲，通过创新创业实践培养具备科学家精神和企业家精神的优秀人才。

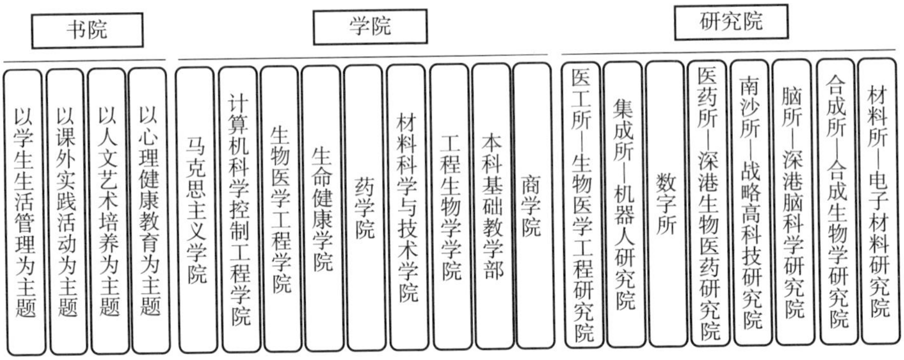

图4-5　中科院深理工“三院一体”模式

4.4　科技成果转化：“ETS”的创新模式

加快科技成果转化是新型科研机构的一个重要特征，深圳先进院探索了一条“E（Engineering，工程）-T（Technology，技术）-S（Science，科学）”的发展路径，从提升生产制造的工程能力开始，逐步向核心技术研发、科学前沿发现延伸拓展。深圳先进院在产业化过程中始终注重产学研的边界，聚焦于工业技术开发，不与民间企业争利。为了推动产业化的发展，深圳先进院与社会资本合作，形成了包含天使投资、风险投资、并购基金等资本在内的保障体系。

4.4.1　新型科研机构成果转化

科学研究与成果的产业化相结合是新型科研机构的重要优势。一方面，需要促进科研成果迅速转化为商品，为经济社会发展服务；另一方面，科研机构从成果转化中受益，保障机构的持续发展。同时新型科研机构还采取样品工厂验证价值、种子基金提供前期支持、面向市场应用的研发等多种方式，促进了科技成果的产业化。

专栏 4-11　国际新型科研机构技术开发及转移模式

巴特尔纪念研究所从建立之初起，就致力于将科学研究与成果的产业化相结合。其通过多种方式，推进成果的转移转化，如通过合并、联合风险投资、衍生公司、股份共享、第三方风险基金等手段开展了大规模的产业化活动。此外，巴特尔纪念研究所等新型科研机构还建有小型工厂，专门生产那些在市场上无法找到厂家生产的样品，帮助研发人员以实物样品的形式证实其研发成果的市场价值，使之在市场上占据先行优势。

弗劳恩霍夫协会面向产业界采取市场化的定制技术开发与转移模式。研究人员会与企业客户就所面临的问题或需求进行充分沟通，为客户定制高满意度的技术解决方案。按照商业合同的要求签订并履行科研合同，包括技术开发的期限、技术的交付、详细的时间表和预算等。产业研究和产业专家从技术研发项目的早期就开始介入，对技术路线、技术方案的产业化进行评估。采取精细化的项目管理手段，每个技术开发项目的预算分期拨付，最多支持两个阶段，协会内部不再提供技术开发的第三阶段资金，需要从市场上募集资金支持，若未筹集到必要的资金，项目需终止或者转移到协会外的机构或企业。

然而，就我国科研机构而言，一直没有找到很好的促进科技与经济结合的方式。从鼓励科研人员兴办公司到推动科研机构转制，在一定程度上促进了科技与经济的结合，但仍未从根本上改变科研机构与经济社会发展相分离的局面。在我国实施创新驱动发展战略的背景下，探索促进和保障科研机构科研成果产业化的机制显得更加迫切。对于国立科研机构而言，在科技问题凝练中，应将国家需求、市场需求和科技前沿进行系统分析和布局，特别是在应用型研究中，要与市场需求紧密联系。此外，应转变观念，将对科技进步、经济社会发展、人类健康等实质性的贡献作为衡量科学研究水平和价值的最重要标准之一。探索激励成果转移转化的机制，如对在成果转移转化方面做出突出贡献的人员应予以承认，并给予相应的职位和报酬。

4.4.2 独特的“ETS”模式

需求驱动的创新模式。深圳先进院结合深圳科技创新的发展特点，探索了一条“E-T-S”的发展路径。与硅谷通过科学研究引领社会需求的发展特点不一样，深圳先进院通过从生产制造的工程能力提升开始，逐步向核心技术研发、科学前沿发现延伸拓展（见图 4-6）。为了加快科技成果转化，深圳先进院每个研发团队都会配备一定比例的工程师队伍，通过研究员与高级工程师一起攻关，极大地提高了科研成果转化的成功率，这是深圳先进院与传统科研机构相比最大的特色和优势。

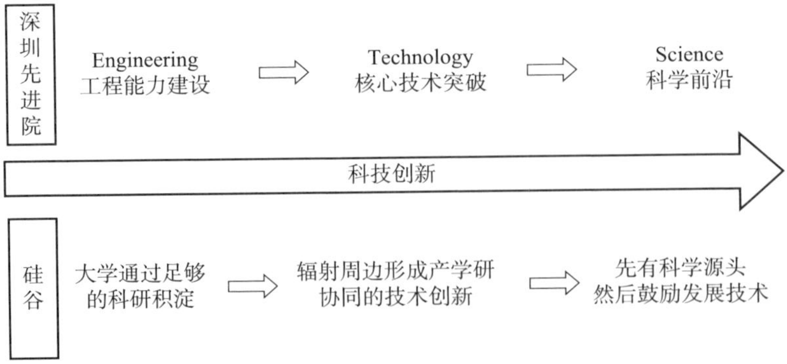

图 4-6 深圳先进院与硅谷创新模式的区别

强化技术科学精准识别产业需求，明确研究方向。技术科学是连接基础研究与工程需求的节点，是先进院模式的关键，即以技术科学为枢纽，在工程瓶颈与自然科学之间建立互动，从而实现现代工业研究院开发关键技术与推进基础研究的双重目的。技术科学能够在探索性试验和解决具体实践问题的过程中获得有用的工程知识，不断完善技术科学的标准化建模和应用场景，加快技术科学跨学科的创新迭代，提高相关科学研究的财务收益预期，推动成果产业化，为实践和科学的独立发展与相互协同创造条件。因此，通过协同创新面向目标获取工程知识的方法同科学认识相结合，成为国际工研院典型的创新范式，也是深圳先进院创新模式的重要特点。在创新过程中，产业与研究是互相需求、互相促进的，面向产业应用的产业合作协同创新和产学研就是典型的知识获取方式，其为成果转化打下良好的基础。

专栏 4-12　深圳先进院发展技术科学的实践

案例 1：深圳先进院与深圳市高端水产养殖企业澳华的合作。面对澳华发展中的技术瓶颈及国家限制抗生素使用的现状，深圳先进院与澳华合作将生物学技术应用到水产养殖行业，实现无抗生素的绿色有机养殖，并通过合成生物学方法，对噬菌体及基因组进行重新设计，重新合成生产出噬菌体药剂用于水产养殖。双方共建了联合实验室，将相关的成果形成有机功能喷洒液和饲料应用于相关产业。

案例 2：深圳先进院与深圳五金行业协会企业共建了智能打磨机器人联合实验室。该实验室通过标准化的建模和智能设计，用自动化的装备去代替传统的人工工作。产业协同为科学技术提供了应用场景。企业通过联合实验室的合作，高效、低成本地进行了产业的转型和升级。

案例 3：天津利诺康公司一直致力于肿瘤诊断检测，多年来利用 RT-qPCR 方法进行 miRNA 的分子检测，以及利用 miRNA 进行癌症的早期诊断，具有良好的技术和产业基础，具有完整的、自主知识产权的miRNA的分子检测技术平台，已完成了超过400万个miRNA的检测，研发出多种关于癌症以及心脏病等疾病的miRNA生物标记物。其中早期诊断胃癌以及乳腺癌的临床检测试剂盒，已经在多个国家的不同人群中得到了验证。深圳先进院将微流控和电子信息、材料、芯片设计、生物技术进行集成创新，结合企业现有的检测方法和检测试剂盒等互补技术基础，与企业共建了智能miRNA癌筛应用技术联合实验室，把试剂盒做成便携式的检测仪器，形成了便携式癌症快检的科研与产品成果。

构建面向产业和市场需求的成果转化体系，实施科研与产业化结合的“双螺旋”战略。深圳先进院的成果转化模式遵循“巴斯德象限”创新模式，即以应用需求牵引科研，这样既能产生突破性科学成果，又能面向产业和市场需求，将立足科技前沿的探索与形成产业创新的源头联系起来，使科学知识与商业价值合二为一。深圳先进院通过发展技术科学，推动产业化“源头对接模式”的发展，并为科技与产业相互协同发展合理配置人力和资金等创新资源，形成较为完整的产业链条，有效提高科研成果转化率。据统计，2019年深圳先进院与产业界合作项目金额达6.95亿元，累计合作金额达19.74亿元，其中不乏华为、商汤、中广核等龙头企业；新增孵化企业209家，累计孵化企业达968家，其中包括上海联影、中科乐普等行业“独角兽”；新增持股企业38家，累计持股263家，占股部分目前总估值达76亿元。此外，深圳先进院还与地方企业累计共建联合实验室百余个，与比亚迪、深信服等46家企业建立了稳定的合作关系，派出企业特派员110余名，通过共同建立实验平台、双导师培养机制，助力经济产业转型升级。

专栏4-13　深圳先进院成果转化案例

案例1：深圳先进院医学影像中心团队与上海联影医疗公司的战略合作。

自2010年开展合作以来，深圳先进院医学影像中心与上海联影医疗公司的联合团队研发出我国首台具有完全自主知识产权的3.0T磁共振成像设备。深圳先进院以3项磁共振成像核心技术专利作价1240万元入股上海联影医疗公司，后又持续注入一批专利技术进行应用，到2019年实现股权转让到款4.37亿元，股权增值35倍。据悉，深圳先进院与上海联影将在5T、7T磁共振及PET-MR等新技术研发方面继续保持深入合作。

案例2：深圳先进院等机构探索最短时间解决集成电路光敏聚酰亚胺关键材料“卡脖子”问题。

光敏聚酰亚胺（PSPI）材料被广泛应用于5G通信、物联网、高性能计算、存储、航空航天电子以及各类消费电子产品等领域，对我国国防安全、集成电路技术自主可控具有重要的战略意义。不同于普通光刻胶只作为过程材料使用，PSPI除需要满足一般光刻精度的加工要求外，还需要具备低残余应力、高纯度、低热膨胀系数以及高断裂伸长率等更加苛刻的材料本征性能，以满足芯片在服役过程中的可靠性要求。该材料目前只有美日企业可以实现商品化供应，97%的材料被日本垄断，其中日本的旭化成是最大的供应商。

深圳先进院材料所与常州强力电子新材料有限公司通过探索虚拟“股份制”合作创新模式，将传统的成熟技术转移的知识产权股份化收益分配前置到项目研发阶段，加快了核心关键技术的攻关。材料所以科研条件、知识产权和研发团队等作为投入，估值5100万元占“股”51%，公司投资现金4900万元占“股”49%，共计1亿元开发PSPI材料。合作双方同意以“增资扩股”形式进入联合体，广泛调动市场资源配置高科技项目研发的巨大投入。研发阶段以材料所为主导，后期技术转化以公司为主导，为整个材料技术打通从研发到量产的通道，设计最合理的路径。这种联合攻关体的合作创新模式开创了科研机构与产业界“股份制”管理研发项目的先河，打破传统“一对一”封闭式横向项目合作的禁锢与限制。

案例3：深圳先进院黑磷成果转移转化走出工业研究院特色之路。

黑磷是一种有望替代硅的新型半导体材料，开展以黑磷的大规模制备为目标的产业化合作，对磷化工行业意义重大。我国磷矿储量居世界第2位，约有500亿吨。当前磷化工产品80%的用途是磷肥，其他用途包括做洗涤剂、添加剂等，相对利润较低；黑磷在电子工业、光电器件、能源、生物医药领域具有广泛的用途，可产生更大的利润，对于磷化工行业向高科技行业转型有重要意义，因此黑磷被科技界誉为“最具潜力的20大新材料”之一。由于黑磷缺乏稳定性，一定程度上限制了黑磷的工业应用。2016年，深圳先进院研究员喻学锋带领团队成功开发出多种提高黑磷稳定性的方法，并且积极进行专利布局，申请PCT专利2项、国家发明专利8项。

深圳先进院在已有的成果转化成功经验基础上，通过科研、产业、资本、“互联网+”等多要素结合的模式，进一步探索成果转化的新途径、新方法、新模式。深圳先进院通过建设微站成果转化平台、CRM客户管理平台，整合线上线下资源，通过组织对接活动等方式为科研人员和企业“牵线搭桥”，创造合作机会，并加大在平面媒体与新媒体上的宣传，吸引国内大型磷化工企业及行业协会的关注。最终，深圳先进院产业化全资子公司深圳中科先进投资管理有限公司与湖北兴发化工集团股份有限公司、重庆中科渝矿创业孵化器有限公司共同投资组建了湖北中科墨磷科技有限公司。中科院深圳先进院与湖北中科墨磷科技有限公司签署成立联合实验室。该联合实验室主要围绕二维黑磷的大规模制备及应用等方面进行前沿技术研究和合作。联合实验室的研究计划为5年，合资公司分期向联合实验室投入研发经费2500万元，其中500万元用于购买相关三项发明专利。依托合资企业和联合实验室，深圳先进院将同兴发集团围绕二维黑磷的大规模制备及应用研究、新产品开发、技术平台建立与人才培养等多层面进行广泛合作，逐步实现系列黑磷产品的中试和市场推广，推动黑磷在各个领域的深入研究和工业应用，促进相关行业产业链的形成，带动我国材料与光电信息产业升级，并在未来国际竞争中占据先发优势。

建立保障成果转化的体制机制。深圳先进院领导班子与管理团队将创新资源配置向“人”倾斜，让科研资源为“人”的创新活动服务。同时，深圳先进院依法依规重奖科研人才和促进转化人员，让价值的创造者直接获得回报，激发了科研人员的积极性。一方面，尝试借助资本运作加快科研成果的产业化，对投资企业分红和专利售卖形成收益的50%用于奖励科研人员，让他们在梦想成真的同时切实尝到科研成果产业化的甜头，这极大地鼓舞了科研人员。另一方面，深圳先进院还调整了绩效考核体制，加强产业化合作项目的绩效比重，对国家纵向项目、深圳地方项目、产业化合作项目按照1：1.2：1.5的比例进行绩效统计，将企业合作项目经费的10%直接奖励给开发团队。这些体制机制的设立不仅促进和激发了科研人员从事科技创新的积极性，而且推动了科研活动与市场需求更加紧密地结合，进一步提升科技成果转化的效率，更好地促进科技与经济的结合。

专栏4-14　深圳先进院成果转化收益分配与激励机制

1. 科技成果转移转化所得现金收益部分及股权收益所得现金部分，一律进入深圳先进院账户统一管理，并进行收益分配，个人所得奖励应缴纳个人所得税。

2. 对科技成果转移转化的现金收入按以下方式分配：

（1）科技成果许可获得现金收入的，从到账现金中提取50%奖励给科研人员及其他有贡献人员，从留院比例中提取25%划入院二级核算单位。

（2）科技成果转让获得现金收入的，从现金到账中提取50%奖励给科研人员及其他有贡献人员，从留院比例中提取25%划入院二级核算单位。

3. 对科技成果作价投资的，从形成的股权或者出资比例中提取50%奖励给科研人员及其他有贡献人员；外溢机构设立时出资形成股权的相关激励，按照《中科院深圳先进技术研究院外溢机构管理办法》规定执行。

4. 由院使用专利资助经费维护的知识产权，实施成果转移转化每件收益高于1000元时，奖励发明人团队最高不超过1000元。

5. 成果转移转化过程中，需按相关规定报主管部门审查或登记备案的，由科技成果转移转化职能部门负责依规办理。

6. 实现成果转移转化后，内部奖励分配应按照实际贡献大小或事先书面约定，由发明团队负责人进行分配，分配方案需公示，无异议的，由相关部门负责落实；如收到实质性异议，由科技成果转移转化职能部门协调处置。

4.4.3 强大的孵化能力

深圳先进院建立了投资决策机制，提供投前、投中、投后全流程服务，明确资产权属，办理产前登记证，主动作为、变通方式、提升服务价值，实现股权转让全级次通道。2020年新增持股企业38家，累计拥有持股企业301家，新增孵化企业220家，累计孵化企业1188家，在低成本健康与高端医学影像、智能机器人、新能源与新材料、大数据与智慧城市等领域孵化了一批企业。

深圳先进院在产业化过程中始终坚持两个原则：第一，聚焦于工业技术开发，偏向于创新链的后端，纯基础研究的内容不多。深圳先进院通过技术开发，力图提升整个产业的发展水平和解决产业关键共性技术，尤其是辐射广、包容性强、产业带动能力强的新技术和共性技术的开发。第二，定位于公立的研究机构，一旦产品和技术能够在市场中发展和运作起来，深圳先进院就会退出，不与民间企业争利。前者保证了深圳先进院贴近产业发展的实际，专注于关键技术商业化开发；后者保证了深圳先进院的公益性，当技术开发成熟能够量产后，转移给民间企业，而不是全都自己去生产经营。应用技术的研发在深圳先进院孵化出的北斗应用技术研究院、深圳创新设计研究院、济宁中科先进技术研究院、天津中科先进技术研究院等专业研究院所得到了实现。

深圳先进院积极参与行业协会及产业联盟建设，一方面带动了整个产业的集聚与发展，另一方面连接了研发与产业。由深圳先进院牵头建设的深圳市机器人协会，现今有会员企业近500家，产值近1000亿元，已发展成为国内机器人领域会员个数和产值规模最大的地方性协会。2019年深圳先进院还牵头成立了深圳市人工智能学会、粤港澳大湾区先进电子材料技术创新联盟、深圳市脑认知脑疾病学术与产业联盟、亚洲合成生物学协会，构建起学术与产业间的桥梁。

专栏4-15　深圳先进院孵化壮大产业案例

案例1：低成本健康产业

最初并没有企业愿意做低成本健康相关的产品和技术开发，因为该项目投入太大，周期很长，收益较低。深圳先进院考虑到低成本健康具有很大的社会效益，于是开始着手开发相关的共性技术，然后培育相关企业，还成立了产业联盟，通过一步步的努力，催生出一个市场容量超百亿元的低成本健康产业。

案例2：机器人产业

深圳先进院超前预见，提前行动，说服深圳市政府，机器人产业才开始大发展。樊建平说道："在新出来的领域、未来的战略性新兴产业领域我们要布局，我们要占领，但是那些正在红火的领域，也就是进入产业化高峰的领域，也不能没有我们的声音。我们可以用其他方式去合作参股，但不谋求控股。我们既然自己起了头，不可能在形势大好的时候就撤出去了。保留一点股份在企业里，一方面，可以保持与企业的紧密联系，不断地获得来自企业的技术需求信息；另一方面，可以分享企业发展的利益，用来补充本部对前沿技术研发的经费，形成良性循环。但有一点必须明确，在深圳先进院本部做的永远是产业最前沿的技术研发。"

4.4.4　高水平的转化和资源共享平台

深圳先进院依托一流的科研设备、国际化的学术交流环境、开放的产业化培训平台、多元化的职业发展平台、高效的人才激励机制，构建了学科交叉集成创新的开放式转化平台，衍生出了创客学院、育成中心等孵化平台和特色研究院，孵化出了中科强华、中科迅联等一批控股、参股成立公司和自主创业创办的高新科技企业。深圳先进院科技转化平台如图 4-7 所示。

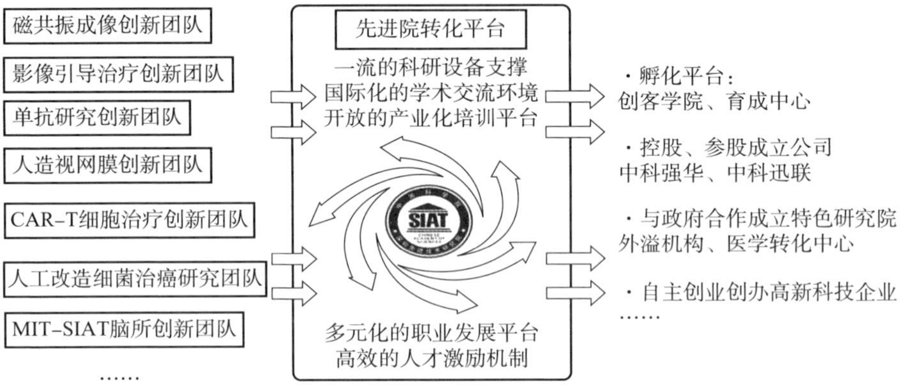

图 4-7 深圳先进院科技转化平台

深圳先进院实验室和科研基础设施建设不断加强，共享渠道逐步建立。实验室场地面积从 1.98 万平方米增加到 3.15 万平方米，累计投资规模达 5243 万元。实验室类型涵盖了生物、化学、仪器测试、材料制备、微生物、影像光学、机械电子、超净间和实验动物设施等。科研仪器设备原值从 4.1 亿元增加到 8.3 亿元，其中设备原值 50 万元（含）以上的设备从 132 台（套）增至 250 台（套）。大型通用型开放共享仪器从 47 台（套）增至 124 台（套），工作总机时从 14863 小时提升至 99081 小时，对外共享率从 6%增至 17.1%。加入国家网络管理平台 125 台（套），中科院 SAMP 系统 160 台（套），深圳市科技创新资源共享平台 140 台（套）。2017 年深圳选进院加入中国科学院广州生命科学大型仪器区域中心，加入各级设备共享平台网 6 个，创新券服务机构 3 个。累计服务区域企事业单位 152 家，从 2015 年的 29 家增至 2019 年的 51 家。年对外收入由 2015 年的 63 万元增至 2019 年的 228 万元。

实验条件充分保障，实验管理日益完善。2018 年深圳先进院建成 C8 动物实验室并获得实验动物使用许可，动物设施面积由 193 平方米增至超过3500平方米，可使用动物种类由大小鼠扩增为大小鼠、兔/豚鼠、猴。大小鼠笼位数量从1106个增至5000个，新增80个兔/豚鼠笼位及250个非人灵长类笼位。2018年深圳先进院成立实验动物管理和使用委员会（IACUC），同年非人灵长类动物实验室顺利获得AAALAC认证。深圳先进院开发了“实验动物管理”线上模块，大幅提高管理效率，实验动物伦理审查数量由2015年的77份增至2019年的590份，5年内审查量累计1163份。动物采购量从1.36万只增加到超过3万只，服务近100个课题组。2018年深圳先进院荣获“深圳市实验动物管理工作先进单位”、“广东省实验动物管理工作先进单位”荣誉称号。2019年深圳先进院加入粤港澳实验动物创新与共享服务联盟。

4.4.5　覆盖创新全周期的投资基金保障体系

以基金为载体，撬动社会资本对接科研成果产业化。目前，深圳先进院的资本板块与社会资本合作成立了5个投资基金，已经形成包含天使投资、风险投资、并购基金等的资本保障体系，基金实现向深圳先进院内部项目适当倾斜的市场化运作。深圳先进院投资基金情况如图4-8所示。

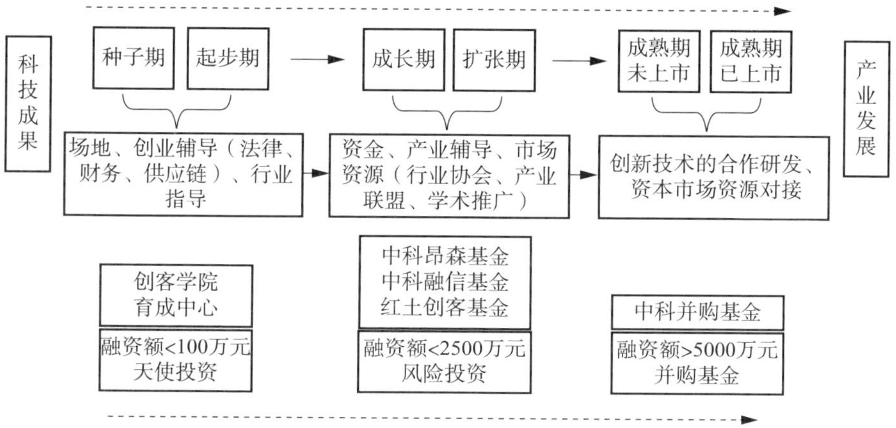

图4-8　深圳先进院投资基金情况

其中，中科育成、中科创客定位为天使投资；中科昂森、中科融信等基金定位为风险投资，基金规模接近30亿元。中科育成单个项目投资规模在200万元以内，主要对早期项目提供场地、税务和法务咨询等服务；中科昂森等基金投资规模单个项目一般在 200 万～2000 万元，最高一个项目可以到 5000 万元，主要给项目方提供资金和技术支持；正在筹划的中科并购基金，主要用来做并购和资产重组，单笔投资在 2000 万元以上。

基金投资方向主要有两个：一是投资深圳先进院自己的好项目，如医药所“孔雀团队”从事的国家一类新药研发的项目，获得了中科昂森 2000 万元投资；二是投资中科系统之外，但产业方向与深圳先进院学科方向一致的项目，如投资医疗设备企业深圳市普罗惠仁医学科技有限公司。投资基金的设立有效助推了重点领域的成果产业化，使得科技成果转化流程顺畅，研、学、产、资形成具有示范和带动效应的有机整体。未来深圳先进院将在天使投资、风险投资、私募股权投资、首次公开募股等方面不断完善，实现专业化、体系化、市场化。

4.5　人力资源管理：激励创新的体制机制

深圳先进院在人力资源管理方面开展了一系列的创新，构建了“年度绩效—3H 福利—成果转移—股权激励”的人才激励体系，积极开展国际引才项目，建立了立体化的人才引进模式。深圳先进院注重产业化能力的考核，对产业化赋予 1∶1.5 的考核比例。深圳先进院实施残酷的末位淘汰制，人才流动率保持在 15%～18%。科技成果转移转化收入 50%分给研发人员，有效调动了科研人员的积极性。深圳先进院开展“3H”工程，建立全方位的人才保障体系。

4.5.1　新型科研机构需要灵活的人才管理机制

新型科研机构在用人机制方面更加灵活，除了大力引进国内外领军人才外，还鼓励具有创新胆识和创新能力的年轻人承担重任，如在华大基因研究院，17 岁的高二学生就能担当研发经费达 500 万元的项目组长。同时新型科研机构着力培养具有原创精神和源头创新能力的年轻研究人员，如深港产学研基地借助北京大学与香港科技大学丰富的教育资源优势，为深港区域及珠三角地区经济社会的发展培养了大量具备全球视野、国际竞争力和先进管理理念的高层次人才。

新型科研机构在实践中成功践行了尊重人才、培养人才的发展理念，实施企业和员工共同发展的人才战略。新型科研机构除了为科研人员提供丰厚的薪酬外，还通过为创新人才开通子女上学、就业等绿色通道的方式，吸引了一大批国内外高端创新人才。与传统研发机构相比，新型科研机构在人才积累方面具有重大优势，这也是新型科研机构能够异军突起并获得长足发展的重要原因之一。

新型科研机构的评价体系要求具备公正性，内容要求具备科学性与全面性，评价包括业务范围、中期目标和年度计划，机构内部的评价包括研究部门的管理、绩效达成情况和科研人员的学术和专利成果、参与对外合作研究的表现等。

专栏 4-16　弗劳恩霍夫设立了独特的评估机制

弗劳恩霍夫设立了独特的评估机制，根据与政府签订的“确保科研质量”协议开展评估工作。按照弗劳恩霍夫协会章程，各研究所每年须提交年度工作情况报告，弗劳恩霍夫协会执行委员会将委托相关专家对研究所年度工作报告进行审查和评价。弗劳恩霍夫协会每5年要组织来自学术界、产业界和公共部门相关专业人士，对各研究所进行一次综合评估，重点评价其科技创新能力和完成战略计划的情况。对研究所评估的主要指标包括：战略规划的完成情况、重点项目的实施、科研人员的培育与结构、科研设施的水平与利用率、“竞争性资金”占经费总额的比例、专利的申请与授权数量、客户的分布结构与服务满意度、技术成果转移转化、经费支出情况等。特别的是，由于弗劳恩霍夫协会的定位是面向产业界的共性技术研发为主的应用研究，所以发表论文的数量仅仅是考核中一个参考指标，重点考核研发创新成果的应用推广情况、满足产业需求的情况等方面，主要考核其项目承担情况、经费使用情况，特别是研究成果在产业界的实际应用情况。评估结果将成为弗劳恩霍夫协会未来制定发展规划、制订资源分配方案、人员聘用和薪酬安排等的主要参考依据。

4.5.2 全球揽才寻“好种子”，打造“人才森林”

一流人才是科技创新的源头，深圳先进院领导班子积极在人力资源管理方面创新，探索出覆盖全球的多层次、多渠道的人才引进模式。

（1）立足海内外，多层次招才引智

自2010年4月深圳先进院第一次独立组团远赴美国招聘起，深圳先进院的招聘足迹遍布十余个国家和地区，累计到访百余家全球顶级科研机构和知名院校，举办海外引才专场活动超过100场。同时，深圳先进院拓宽国内招聘渠道，举办近百场校园招聘会、专场宣讲会，不间断举行社会招聘。深圳先进院通过构建才工作格局，创新人才招聘方式，拓宽引进人才的实践路径，延揽人才。

（2）依托“国字号”招牌，多形式吸纳人才

深圳先进院充分发挥国立科研机构的品牌优势，依托国家部委、地方等人才计划，累计引进全职院士5人，国家重点引才计划入选专家、国家杰青等“四青人才”78人次，中科院重点引才计划入选专家46人，另有870人次入选省市地方人才计划。

（3）构筑蓄水池，多渠道会聚人才

深圳先进院强化团队建设，加强国内外、院内外科技合作交流和人才智力共享。累计引进25支广东省创新团队和深圳市孔雀团队，5支团队入选中科院创新团队，建设完成深圳先进院第二个诺奖实验室。创新团队的落地，进一步激发了深圳先进院多学科交叉平台的集成创新优势。深圳先进院打破人才户籍、地域、关系等阻碍，“不求所有、但求所用”，柔性吸纳优秀非全时学者350人。

4.5.3 特色化的人才管理制度

深圳先进院不断优化人才评价体系，探索建立破除“四唯”的评价激励机制。深圳先进院以创新与贡献为导向，优化人才评价激励机制，完善人才评价制度。针对评价体系中存在的突出问题，深圳先进院从评价对象、评价机构、评价标准、评价方法等维度调整完善，尊重人才成长规

律，激发人才活力。

（1）引入国际标准的同行评议制度选拔人才

聘用高级职称人员前，深圳先进院会综合考虑其教育背景、科研方向、项目经历、科研成果产出情况，将候选人在同行业中的科研水平进行对比遴选。深圳先进院实施以国际同领域高级职称科研专家为主导，兼顾多学科交叉的同行评议制度，就候选人的科研成果与发展潜力，进行综合评议，选拔优质人才。

（2）实行分类人才考核制度

深圳先进院对不同岗位类别、不同学科领域、不同工作性质的人才实行差别化评价。从事自然科学研究工作的人员，侧重于对其知识储备、科研水平、论文输出等方面进行考核；从事工程技术工作的人员，侧重于对其技术能力、科技转化、专利成果等方面进行考核；管理和支撑岗位的员工则以用户评价为主，侧重于对其业务知识、服务水平、综合能力等方面进行考核，实行多维度评价。

（3）分层级赋予人才评价权限

在遵循深圳先进院年度考核工作方案基础上，各二级研究所根据实际情况制订本所考核方案。研究中心对中初级员工进行考核，副高级以上员工参加所级的考核评价，各个研究所的所领导及中心主任参加院级的考核评价。考核中既体现纵向的分层分级，又有横向的比较对比。

（4）赋予科研队伍更大自主权

为了进一步深化人事制度改革，激发研究所创新活力，深圳先进院在用人管理、岗位设置、薪酬分配等方面，集中向二级研究所下放人事人才管理权限。深圳先进院在材料所、合成所等新成立的二级单元试点开展自主职称评审、自主人员聘用、自主岗位定薪等，赋予用人单元和科研人员更多的人权、事权和财权，更好地凝聚、稳定和激励科研队伍。

（5）建立自主评价评审体系

“十三五”期间，深圳先进院累计 544 人次通过评审取得任职资格，其中研究员 117 人、副研究员 301 人、正高级工程师 14 人、高级工程师 91 人，六级职员及以上 21 人，岗位结构得到进一步优化。

专栏 4–17　深圳先进院岗位设置与岗位等级相关管理办法

（一）实行有限期聘用，设置科技岗位和非科技岗位。每类岗位设置若干系列，每一系列划分不同等级。

（二）岗位系列分为自然科学研究系列、工程技术系列、职员系列及管理工程师系列，每类系列划分为高、中、初三个等级。

（三）科技岗位是指从事基础研究、战略高技术研究、经济社会可持续发展研究等工作，具有相应专业技术水平和能力要求的工作岗位。科技岗位包括自然科学研究系列、工程技术系列。

（四）非科技岗位指担负领导职责或管理任务的，在科研成果转移转化和工业合作的过程中，从事产业化产品设计与开发，或为产业化工作提供支撑与辅助性工作的，为基础研究、战略高技术研究、经济社会可持续发展研究等工作提供支撑与辅助性工作的岗位。非科技岗位包括职级系列、管理工程师系列。

1. 科技岗位

科技岗位概况见表 4–1。

表 4–1　科技岗位概况

岗位	国家通用专业技术岗位等级	岗位等级	
		自然科学研究系列	工程技术系列
正高级专业技术岗位	一级	研究员一级	正高级工程师一级
	二级	研究员二级	正高级工程师二级
	三级	研究员三级	正高级工程师三级
	四级	研究员四级	正高级工程师四级
副高级专业技术岗位	五级	副研究员一级	高级工程师一级
	六级	副研究员二级	高级工程师二级
	七级	副研究员三级	高级工程师三级
中级专业技术岗位	八级	助理研究员一级	工程师一级
	九级	助理研究员二级	工程师二级
	十级	助理研究员三级	工程师三级
初级专业技术岗位	十一级	研究实习员一级（研究助理一级）	助理工程师一级
	十二级	研究实习员二级（研究助理二级）	助理工程师二级

2. 非科技岗位

非科技岗位概况见表 4-2。

表 4-2 非科技岗位概况

职级系列	职员系列	管理工程师系列			
		图书资料	编辑出版	科研辅助	产业化
高级	五级职员	高级管理工程师一级			
	六级职员	高级管理工程师二级			
中级	七级职员	管理工程师一级			
	八级职员	管理工程师二级			
初级	九级职员	助理管理工程师一级			
	十级职员	助理管理工程师二级			

4.5.4 产业化项目采用 1∶1.5 进行考核

加大对产业化合作项目的绩效考核比重。深圳先进院通过调整绩效考核体制，提升产业化合作项目在考核体系中的绩效比重，产业化合作项目按照 1∶1.5 的比例行绩效统计，有效提高了科技创新成果转化的积极性。

4.5.5 严格执行末位淘汰制

深圳先进院实施“分层、分级、分类”的考核制度，按“优秀”“合格”“不合格”三个等次评定结果，比例为 20%、70%、10%，考评结果及时反馈，使员工明确知道自身的不足，改进提升。考核结果有很强的应用导向：对考核优秀者给予优秀员工表彰；对连续两年度考核不合格者予以调岗、降薪或是解聘；绩效工资发放时将考核评估结果与绩效挂钩。“平者让、庸者下”，优胜劣汰的绩效激励机制，使深圳先进院人才的流动率维持在 15%~18%，保持了科研队伍的活力和竞争力。

4.5.6 积极建立有竞争力的薪酬体系

深圳先进院实行协议薪酬与密薪制度，通过合理确定薪酬水平、优化薪酬结构、改革主要负责人薪酬、完善考核评价和多渠道筹措资金来源等一系列措施，积极探索建立一套符合新型科研机构特点的薪酬制度。深圳先进院在“三元”结构工资制的基础上，实施以岗位和绩效为重点的薪酬制度，向学术领军人物、学科带头人、学术带头人倾斜。深圳先进院针对“领军人才”实行协议年薪制，增强薪酬的竞争力和对人才的吸引力。深圳先进院通过购买国际保险、职业年金等方式，加强与国际标准接轨，持续增加绩优员工收入，提升人均福利待遇。

为了加强深圳先进院高端科技人才队伍的建设，深圳先进院结合目前国内的政策环境和深圳先进院实际情况，制定了《关于高端科技人才计划入选者工作经费支持的办法（试行）》，该办法对已入选有关国家和地方政府部分科技人才计划的高端科技人才予以定向工作经费支持，以充分发挥其在相关领域方向上的作用，鼓励和保障其为院发展做出更大的贡献。

专栏 4-18　《关于高端科技人才计划入选者工作经费支持的办法（试行）》相关内容

深圳先进院支持的高端科技人才计划类别包括：广东省领军人才入选者、国家基金委杰出青年基金获得者、中组部青年拔尖人才入选者等。

予以支持的原则分为两类：①支持壮大：若入选者已任职深圳先进院研究单元主任或执行主任，深圳先进院给予工作经费资助以支持其负责的研究单元发展壮大；②单独立项：若入选者未任职深圳先进院研究单元主任或执行主任，深圳先进院给予工作经费资助，便于其需要时可相对独立地开展工作。

4.5.7　科研人员获得 50%的成果转化收入

深圳先进院根据实际情况，设立了更合理、可持续的成果转移转化激励制度。深圳先进院结合实际情况，通过综合分析全院、团队、个人在整个成果转化过程中的作用，充分尊重团队和全院在创新全过程中的平台功能和服务价值，规定将 50%的科技成果转移转化收入奖励给科研人员及其他有贡献人员，并且从留院比例中提取25%划入院二级核算单位。深圳先进院对科技成果作价投资的，从形成的股权或者出资比例中提取50%奖励给科研人员及其他有贡献人员。

4.5.8 全方位的人才保障体系

实施“3H”（House、Home、Health）人才保障工程。深圳先进院密切与市、区两级住房、教育等部门沟通，致力于解决好科研人员在住房、子女入园入学及医疗保障等方面的后顾之忧，为科研人员安心致研营造良好环境。深圳先进院与社会资源合作建立了幼儿园和九年义务教育实验学校，合作的中小学校增至46所，多渠道保障员工子女入学需求，累计协助解决229位员工子女入学，入学入园解决率达100%。近几年深圳先进院累计解决员工住房621套，其中，人才稳定基金服务231套，争取安居住房390套；累计争取南山区租房补贴810万元；为高层次人才争取个人补贴5.11亿元，领取人才计划个人奖励超过7000万元。深圳先进院常年与深圳市权威医疗体检机构合作，建立员工健康档案，保障员工身体健康。深圳先进院还发动院内员工学生用自己的薪金设立了“爱心基金”，逐步形成和完善院内员工、学生的帮困扶危机制。

4.6 项目管理体系：分类管理

深圳先进院根据项目来源不同，对横向和纵向课题进行分类管理。深圳先进院借鉴国际“合同科研”的模式，积极承接企业关于新技术、新工艺、新产品的委托项目，促进与市场需求的结合，并对项目进行全过程的管理和年度考核，提升项目的质量。

4.6.1 新型科研机构项目管理特点

新型科研机构一般采取“合同科研”的方式，即产业界根据自身发展的需求，向机构提出具体的技术开发和改进、新产品研发、生产管理和工艺提升等委托项目，机构通过研发将科研能力赋能到实际产业发展中。新型科研机构十分注重对项目质量的把控，对项目全过程进行监管和评估。

专栏 4-19　德国弗劳恩霍夫协会“合同科研”的合作模式

德国弗劳恩霍夫协会主要采取“合同科研”的方式，对于自身无力维持巨大研发费用的中小创新企业而言，弗劳恩霍夫协会已经成了一个重要的创新源头，能够为企业发展提供必要的支持和服务。实践证明，这是科技创新成果转化为生产力的重要途径。一方面，通过“合同科研”的方式，客户享有弗劳恩霍夫各研究所雄厚的研发科技积累和高水平的科研队伍服务，企业通过与学会的多学科合作，可直接、迅速地得到为其“量身定做”的解决方案和科研成果。另一方面，弗劳恩霍夫协会也开展相关的应用研究。在德国联邦教育和科技部的基础和工程项目基金支持下，学会一直面向科技创新的前沿领域开展非合同式的应用研究，为科技产业开拓新领域，让产业界和社会广泛受益。

弗劳恩霍夫协会根据与政府签订的“确保科研质量”协议，对协会及所属研究所开展的科研工作实施评估。协会承担的所有研发项目均需对其最终成果做出评估之后才能结题。一般项目的评估由承担项目的研究所自行组织，大型科研项目和重点科研项目的评估由学会的执行委员会组织和开展，科研项目经费超过 1000 万欧元的特大项目的评估由协会和公共部门共同组织和开展。对于研发周期超过 5 年的项目，协会会在第三年安排一次中期评估，并将评估结果及时向有关部门和企业通报；对于特大型研发项目，协会还在结题后的一定时间内安排跟踪评估，并根据评估结果及时修正先前的结论。

4.6.2　深圳先进院项目管理办法

根据项目来源与要求的不同，深圳先进院对纵向课题与横向课题采用不同管理办法。

（1）纵向课题项目的管理

纵向项目来源。深圳先进院纵向科研项目参照立项部门的行政级别，分为国家级、省部级科研项目。国家级科研项目包括国家社会科学基金项目、国家自然科学基金项目、国家科技重大专项、国家重点研发计划、技术创新引导专项（基金）、基地和人才专项等项目中设立的科研项目。省部级科研项目包括国家教育部各类项目，国务院其他各部委及直属办、局项目，国防科工委项目，省哲学社会科学规划项目，省科技厅各类项目，外省（自治区、直辖市）同级别项目等。

纵向课题立项管理。纵向科研项目由科研处统一组织申报工作，由各所/中心配合完成。项目立项以立项部门的立项书或立项通知等立项文件为依据。项目在研究期内的，立项文件是实施学术评价的依据。纵向科研项目由科研处根据立项部门的要求统一管理。

纵向项目中期检查与结项。批准立项的各类科研项目，均列入当年深圳先进院科研计划，由科研处、所和中心共同进行管理。在项目实施过程中，科研管理部门每年需会同项目承担单位定期与不定期对项目进展情况进行检查。各项目负责人按研究计划取得重要阶段性成果，应及时进行总结，并报科研管理部门和项目主管部门。各类项目结题应按各项目主管部门的有关文件要求，实事求是地填写工作总结及提交有关证明材料（成果资料），报请项目主管部门核准。需鉴定（验收）的要及时申请鉴定（验收）。

（2）横向课题项目的管理

横向项目来源。一是企事业单位、社会团体及社会人士，以自筹资金、合同方式委托先进院或由双方合作完成的项目，含技术开发、技术咨询、技术服务、企业联合实验室以及科技成果推广应用等项目；二是深圳先进院以招标方式承接政府部门委托实施的工程与技术服务项目；三是以企业等为主申报单位、深圳先进院参与的政府资助的产学研类项目；四是政府资助深圳先进院建设企业化运作创新载体和产业基地及展会的资助项目。

项目执行与监管。深圳先进院是横向项目管理的责任主体。项目负责人对项目实施负有直接责任，对科研成果的真实性和规范性承担相应责任，自觉接受各级监督和管理。研究单元（所、中心、室）是横向项目管理的实施单位，负有实施与监督的权力与责任，并对项目过程管理各环节履行审核职责。发展处是深圳先进院授权的横向项目主管部门，负责对全院横向项目进行管理。科研处、公财处、人教处等部门按照各自分工协同进行项目的监督管理。

项目合同管理。发展处负责横向合同的审核，并对项目可行性、委托方的资信、深圳先进院承担项目的条件和能力、风险责任的承担、违约条款等方面提出审核意见。科研处负责对合同条款中涉及成果与知识产权归属、分享等条款提出审核意见。合同正式签订完毕后，将相关材料交发展处或科研处立项。

项目全过程管理。发展处、科研处按照合同要约协同进行全过程管理和年度考核。检查方式采取定期与不定期检查两种，定期为每年两次（6月和12月），以抽查、汇报、评议相结合的方式进行；不定期为发展处日常对重点项目进行跟进和管理。年度考核时，项目负责人和研究单元应提交项目进展报告作为考核依据。

4.6.3 丰富的国际合作交流活动

深圳先进院的国际合作及影响力进一步增强。“十三五”期间，深圳先进院累计承担国际交流与合作项目160项，较上5年增长247%，涉及38个国家93个境外合作机构（85%为发达国家）。国际科研项目合作不断增加。深圳先进院牵头承担中科院国际大科学培育专项2项，获批省级国际科技合作基地2项，引进中科院国际人才交流计划53人，国际合作论文累计2866篇，与香港中文大学合作论文超800篇。另外，深圳先进院的粤港澳合作桥头堡作用不断增强。港澳合作项目累计百余项，2018年中科院—香港22个联合实验室的评估中，深圳先进院与香港高校联合实验室获2个“优秀”（2/4）、3个“良好”（3/8）。中科院国际人才交流计划管理绩效在中科院排名第4，国际科学传播体系综合评价在中科院排名第8，国际化综合管理水平提升并获中科院建院70周年国际化发展工作先进表彰。

4.7　财务管理机制：不断优化提升积极性

深圳先进院以竞争性项目收入为主，体现了较强的市场导向性。为了提升团队的积极性，深圳先进院根据不同发展阶段的工作内容、人员规模、项目数量、权责范围，以及国家在科技政策中的变化，立足工作实际需求，不断调整和优化财务管理制度。

4.7.1　新型科研机构财务管理特点

新型科研机构一般建立了较为灵活的资金筹措和财务管理制度，其建立初期，主要以政府拨款等“非竞争性资金”为主，随着机构的成长，逐渐向公共部门的招标课题、企业研发合同收入、民间基金会资助等形式的“竞争性资金”拓展。同时，财务管理制度还要考虑到科研人员开展创新成果转化和基础研究等的积极性。

专栏4-20　新型科研机构资金筹措方式

1. 巴特尔纪念研究所

在经费管理方面，巴特尔纪念研究所的财务目标和绩效是获得支持的依据。每一财年开始时，各中心或研究组与相应的主管部门领导或总部根据总体目标提出自己的年度预算；在对预算进行审查、讨论、谈判的基础上，最终由主管部门领导或总部批准。在经批准的预算指导下，各中心或研究组要确定自己的市场、发展建议，并尽力实现由主管部门或总部批准的财务目标。财务目标是表征每个中心或研究组的主要指标之一，如果中心或研究组完成了财务指标并由项目支持其员工，那么该部门被认为是成功的，它会继续成长。在巴特尔纪念研究所的财务目标中，“利润”是一个重要的方面。其利润的来源主要有两个方面：一是在承担的政府项目经费预算中专门有一项为“利润”（这是巴特尔纪念研究所与一般大学和国立科研机构的不同之处）；二是所办的公司的收入与成果转移转化的收入。

2. 弗劳恩霍夫协会

弗劳恩霍夫协会创建之初采取“民办，官助”的建立模式，启动资金与前期运营经费主要由政府出资支持。随着研究所陆续成立，承接企业研发任务，资金来源主体由联邦政府及州政府拨款的“非竞争性资金”向公共部门的招标课题、企业研发合同收入、民间基金会资助等形式的“竞争性资金”转移。据统计，弗劳恩霍夫协会现阶段年度总预算已超过21亿欧元。为了提高科研经费使用效率，推动研究所产业技术服务，1973年，弗劳恩霍夫协会进行经费改革，提出世界知名的“弗劳恩霍夫财务模式”。即协会总经费1/3来自政府拨款，2/3来自“竞争性资金”；各研究所（4家国防军工研究所除外）将无条件获得政府拨款中约1/3（即占研究所总预算约10%）的资金用于战略前瞻性研究，其余约90%的预算中70%～80%为竞争性资金所得，剩余10%～20%与该研究所上一年度竞争性资金挂钩。1997年该经费模式再次做出调整，明确了各应用技术研究所至少70%资金应来自竞争性资金。40余年的实践验证，弗劳恩霍夫财务模式在保证科研机构完成基本目标与科研任务的前提下，有效地提高了“非竞争性资金”的使用效率，同时提高了各研究所企业服务能力、客户资源挖掘能力和可持续发展的能力。该项制度已成为世界多家应用研发机构财务管理制度参考样本。

4.7.2 以竞争性资金为主的多渠道筹资方式

深圳先进院十分注重以产业需求为引导，与企业、市场保持着密切的联系，全院收到的政府固定拨款每年大约只占总收入的10%，其他均为通过市场竞争获取的竞争性课题经费。2020年，深圳先进院资金筹措约18亿元，其中纵向项目（通过市场竞争获取的竞争性项目经费）为主，占比超过一半；产业化项目资金占比约19%；各类人才政策扶持资金占比约17%；政府支持深理工建设的资金占比约6%；固定经费包括中科院给予的

750 个编制的经费及深圳市按照 1∶0.5 配套的经费，以及深圳市对中科院的项目按照 1∶1 配套的经费。深圳先进院经费来源占比如图 4-9 所示。

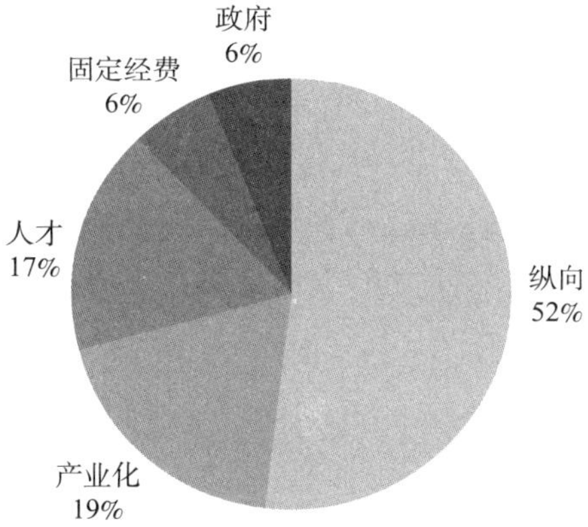

图 4-9 深圳先进院经费来源占比

4.7.3 不断优化调整经费管理办法

经费管理制度的制定影响着团队的积极性，深圳先进院根据不同发展阶段的工作内容、人员规模、项目数量、权责范围，以及国家科技政策的变化，立足工作实际，不断调整比例，优化资源配置。2015 年，深圳先进院面向发展中经费管理碰到的各种不合理规定，通过对财政制度进行全面的梳理，分析了经费管理中与全院发展不匹配的地方，并拟定和修订了先导经费管理制度、借款支付报销制度、差旅费管理制度。深圳先进院针对发展过程中出现的新形势和新问题，不断优化调整相关规定，2018 年对借款、报销、支付管理制度进行了修订，2020 年对差旅管理制度进行了修订。

2015 年，深圳先进院在围绕总体管理目标控制的前提下做出了“减赋”的举措，即将项目管理费从之前的 22.5%调整到 15%，同时进一步放权，加大基层单元的调控度，适当放宽经费的报销限制。2016 年 1 月 1 日深圳先进院开始执行 15%的管理费新标准，课题经费中超出新标准的结余部分返还给科研团队用于开支不能直接列入科研课题的费用，比如房屋使用费、空调使用费、误餐费、体检费、办公区水电费等，这一新规定得到科研团队的大力支持，提取管理费也很顺利，并且调动了科研团队承担项目的积极性。

4.7.4 强化资产管理与安全

为了加强资产管理，明确岗位职责，规范监管程序，提高资产的使用效率，维护其安全和完整，深圳先进院制定了《中国科学院深圳先进技术研究院资产管理制度》。深圳先进院对资产实行统一集中管理，即资产所有权、管理权和使用权分离，资产有偿使用，分级管理，责任到人的资产管理体制。

资产管理的主要任务是：建立和健全各项管理制度；明晰产权关系，实施产权管理；保障资产的安全和完整；推动资产的合理配置和节约、有效使用，提高资产使用效益；对经营性资产实行有偿使用并监督其实现保值增值。

资产管理的主要内容是：资产的计划管理、预算管理、采购管理、使用管理、处置管理、清查管理、统计和监督管理，以及向上级通报情况等。

4.8 科研机构文化：公平竞争、充满活力

深圳先进院围绕“工业研究院”的定位，按照“围绕中心、服务大局、保障发展”十二字方针，营造了“想干事，能干事，能干成事”的机构文化氛围，形成了食堂文化、咖啡厅文化等特色文化。

4.8.1 新型科研机构文化特点

由于新型科研机构是一种具有变革活力、兼容并包、面向需求的科研机构新样态，创业文化成为研发机构文化概念中与学术文化等同的应有内涵，需要加强学术文化与创业文化的交流，进而达到相融共生的目的，因此，新型科研机构在构建文化共生系统时围绕文化交融问题主要关注了以下几个方面内容：提高合作方的责任伦理意识，提升其对基础研究的重视程度；调适研发机构的信念伦理，在开展合规性的科研活动时，也适度强

调了在研项目的合目的性与合社会性；保持来自母体高校的教研人员与来自企业的研发人员的平等性；培育崇尚创新精神、激发创新意识、鼓励创新实践、促进创新发展、包容创新失败的创新文化；通过多元化的创业活动形成支持学术创业的一套整体框架和行为边界，推动新型科研机构内的创业文化、母体高校的学术文化以及地方性社会文化的多向交流，为创业文化创造良好的生成环境，最大限度地实现创业文化在汇聚与整合创业资源上的凝聚功能。

4.8.2 围绕十二字方针营造文化氛围

文化看不见、摸不着，是企业或机构在运营和管理活动中所产生的具有特色的精神财富。深圳先进院党委根据建设发展不同阶段的工作任务和目标，按照“围绕中心、服务大局、保障发展”十二字方针，为全院营造了“想干事，能干事，能干成事”的氛围。第一是服务于“工业研究院”的定位；第二是服务中心工作，特别是各类人才队伍的建设，以保障发展；第三是要求党员和党支部在岗位上创先争优，发挥作用；第四是共同合作，支持发展大局；第五是领导和支持群团组织，开展丰富多彩的活动，不断丰富创新文化内涵，以升旗仪式强调责任感和使命感，以健康月、妇女节、体育类比赛培养团队精神，以亲子活动、节日舞会、教师节座谈会、SIAT 论坛、英语角、摄影比赛、总结晚会等着力营造良好的氛围，让来自五湖四海的年轻科研人员能通过参加各种活动彼此了解，拉近距离。

深圳先进院还拥有食堂文化、咖啡厅文化等特色文化。食堂文化中一个叫“八分饱堂”的，意为提倡健康理念和杜绝浪费；开设了九思坊、五味堂等餐厅，不仅有丰富多样的饭菜，还采取随来随吃的 10 小时无间断营业方式，为办公、科研、会议等提供了重要保障。最受深圳先进院人员喜爱的是咖啡厅文化。深圳先进院的咖啡厅不仅经营多种口味的咖啡，还提供各种茶叶，两种文化地融合在咖啡和茶叶的碰撞间完成。老师、学生、企业家、研究员、客座教授、留学生等在这里品尝咖啡、啜饮香茗，憧憬创新创业的梦想，畅聊筹谋发展方略，切磋教书育人的体会，研究讨论管理举措，交流市场需求信息。

在深圳先进院，没有“官本位”，只有成就梦想的激情和践行“工业研究院”的努力，只有科研、管理、产业化不同团队的相互理解和相互扶持。深圳先进院以海纳百川的胸怀，引导不同国籍、不同文化背景的人员，共同为科技事业发展做出积极的贡献。

4.8.3 党建与业务工作融合发展

全面加强党的各项建设，增强党的政治引领。深圳先进院按照《中国共产党党章》和中科院党组对研究所党委的定位，坚决贯彻党中央决策部署，落实习近平总书记对科技创新的各项指示精神，以“三个面向”“四个率先”为目标，深入贯彻落实习近平新时代中国特色社会主义思想，树牢“四个意识”，坚定“四个自信”，做到“两个维护”。深圳先进院落实党委“三重一大”决策机制，贯彻党的民主集中制；坚持党管干部原则，规范中层干部选拔任用原则；创新增效开展“两学一做”学习教育、“不忘初心、牢记使命”主题教育等专项活动，使科研骨干进一步明确“科技创新、保国为民”的科学院人的初心，为“四个率先”实现做出贡献；牵头协调巡视整改工作，协调推动“三院两设施”、中科院深理工建设等重点工作，在先进院创新发展中充分发挥战斗堡垒作用，全力为科研工作保驾护航。

第 5 章

新型科研机构发展面临的争议与挑战

· 虽然新型科研机构进行了一系列的改革创新，但是其在发展过程中仍然面临着机构身份和地位不清晰、内部治理与管理不完善、创新能力不足、体制机制亟须优化、可持续发展能力不强等问题。

· 目前我国新型科研机构的分类管理模式不能很好发挥新型科研机构的特点和作用，导致具有针对性、普遍性的管理办法和支持政策难以出台。

· 受到“行政化”的影响，新型科研机构理事会制度作用尚未完全发挥，同时由于缺少顶层政策的指导，科研机构体制突破存在很大的困难。

· 我国新型科研机构科技、产业“两张皮”的情况依然存在，面对多学科交叉的前沿领域，跨学科、跨系统的团队分工协作的机制尚未有效建立，产学研协同创新链条仍有堵点，整体成果转化水平不高。

· 我国新型科研机构评估考核指标体系仍不完善，科研人才评价还存在“四唯”现象。大部分新型科研机构运营资金来源单一，专业化人才支撑能力不足。

· 我国对新型科研机构缺乏系统性和长期性的规划，部分机构不重视核心竞争力培养，存在空间布局和产业领域分布不均，持续发展能力存在风险等问题。

5.1 机构的界定和管理不完善

目前，我国新型科研机构可以分为事业单位、企业、社会组织三种类型，但是无论哪种类型都不能很好发挥新型科研机构的作用，导致我国缺少具有针对性的管理办法和支持政策，影响了部分新型科研机构的可持续发展。

5.1.1 机构身份和地位不清晰

我国现行的法律法规对新型科研机构属性的规定还比较模糊，导致很多新型科研机构在登记注册的时候存在较大疑惑，也使得机构在运营管理的时候存在诸多障碍。2019 年，科技部印发《关于促进新型研发机构发展的指导意见》，指出新型研发机构是聚焦科技创新需求，主要从事科学研究、技术创新和研发服务，投资主体多元化、管理制度现代化、运行机制市场化、用人机制灵活的独立法人机构，可依法注册为科技类民办非企业单位（社会服务机构）、事业单位和企业。可以看出，其对新型科研机构的界定相对宽泛，缺乏针对性的规定。

根据机构属性来划分，我国新型科研机构主要分为三类：一是事业单位类型，一般由地方政府主导建立，或者由高校或科研院所主导建立；二是企业类型，一般注册为企业法人运行的机构，其中一种是由地方政府所属的公司投资建立，另一种是由企业联合高校、科研院所共同组建的机构；三是社会组织类型，一般注册为民办非企业单位法人，由政府、企业等共同出资组建的非营利社会组织（见表 5-1）。

表 5-1　新型科研机构类型

属性	投资方	案例
事业单位类型	一般由地方政府、大学或科研院所建立	清华大学深圳研究院、中国科学院深圳先进技术研究院
企业类型	一种是由地方政府所属投资公司出资建立，注册为企业法人运行的机构；另一种是由企业发起，联合高校院所组建的研发机构	昆山工业技术研究院、泉州微波技术研究院
社会组织类型	一般注册为民办非企业单位法人，由政府、企业等共同出资组建的非营利社会组织	上海产业技术研究院、浙江纺织工业研究院、香港大学浙江科学技术研究院

无论哪一类新型科研机构，都不能很好地发挥其特点和作用。如果新型科研机构注册为事业单位，机构在人才引进和待遇、财务鼓励、评估评价、激励机制、管理制度等方面需要按照传统的事业单位进行管理，难以适应现代科技创新的规律，无法吸引和留下高端人才，绩效考核评估与产

业创新发展脱节，导致机构创新效率低下。如果新型科研机构注册为企业，其属性与公益性的初衷不符，同时在争取政府资金和政策、科技创新项目申请、进口设备减免税等方面存在较大政策障碍，运营过程挑战较大。如果新型科研机构注册为民办非企业单位，最符合新型科研机构的公益属性，但是我国对此类机构的相关政策严重滞后，与国际相比缺少社团、财团等法人属性的单位，导致新型科研机构发展受到诸多阻碍，税收优惠力度不足且难以落实，同时政府财政投入受限，高层次人才在职称评定、承担国家科技计划等方面都缺乏有效支持渠道。因此，我国一些新型科研机构也只能采取申请多块“牌子”，通过打政策“擦边球”等办法维持运营。

5.1.2　缺乏针对性的管理办法和支持政策

由于身份和定位不清晰，全社会无论是在理论上还是实践上对新型科研机构都存在多种认识，导致我国目前缺少具有针对性的新型科研机构管理办法和支持政策。

一方面，虽然一些地方出台了相关政策和文件，但这些范性文件和规划的法律效力低、适用范围窄，若以这些文件作为依据对新型科研机构进行管理，难以获得全社会广泛的认可，在适用性和组织合法性方面都会受到一定程度的质疑。另一方面，鉴于新型科研机构在投入主体、组织架构、运营模式以及机构性质上存在多元化的特征，亟须政府在法律框架上对其进行界定、分类、规定，并且基于不同类型的新型科研机构的特点和需要，制定具有针对性、特色性的管理办法和扶持政策。

由于在法律法规上缺乏明确的身份和属性界定，新型科研机构与政府、市场等之间的关系未能理顺，政府也无法对新型科研机构进行有效的分类管理与指导，新型科研机构无法在现有的科技体制中充分发挥作用，导致新型科研机构无法以自身机构属性为依据享受现有科技体制中相应的政策优惠，大大增加了新型科研机构发展壮大的难度。比如，部分机构由于没有“事业”身份，不能享受到科研仪器设备进口免税政策；民营科研机构在申报科研项目、参与国家和区域重大科研项目时，成功的机会低于传统科研机构；海外归国人才团队在人才引进、社会保险、医疗保障、家属安置等方面面临诸多困难，这些问题的存在，制约了新型科研机构进一步壮大和发展。

5.1.3 发展的可持续性和均衡性不强

缺乏持续稳定的支持方式。对于现有的院校与政府共建型新型科研机构，部分地市的建设认识不到位，仅作为单个的项目建设，缺乏系统性和长期性的规划。如广东省已经将新型科研机构作为广东创新驱动发展的重要抓手，列入《广东省创新驱动发展工作考核指标体系》中，但仍存在部分地区为了完成考核指标，盲目引进高校院所创办的机构，对新型科研机构的建设缺少产业相关的考核，也未考虑与本市重点发展产业的匹配程度，导致引进的新型科研机构发展与当地科技产业发展脱节。同时，由于缺乏有利的市场环境、持续稳定的支持政策和支持方式，新型科研机构的可持续发展能力不强。

功能分散容易导致核心竞争力下降。新型科研机构在组织模式上最重要的创新是整合集成了各类创新要素，集大学、院所、中介、企业多种形态于一体，通过打造一个微创新生态，实现以科技产业需求为导向、集成各类创新资源、覆盖创新全过程的科技创新模式，盲目的发展和扩张往往导致机构核心能力建设不足，核心竞争力下降。一些新型科研机构由于规模扩张太快，可能出现项目过多、人员和资源支撑不足等问题，导致项目服务和效果达不到预期。虽然新型科研机构是“四位一体”的集成创新体，但是四个方面不能等同，新型科研机构的核心能力应当还是科学研究和技术开发能力，投资和孵化都是为了研发成果的商业价值实现而服务的。同时，一些机构以政府公共项目资金开发市场竞争性的产品，同企业开展同业竞争，扰乱了市场公平竞争秩序。从全球经验来看，如德国弗劳恩霍夫协会、中国台湾工业技术研究院等，都明确定位于为产业提供公益性研发和创新服务，而不同高校和企业进行同业竞争。随着我国企业群体研发能力的提升，以及投资机构、科技中介机构等专业服务业的发展，新型科研机构可以将更多的职能交给市场和社会来做。如深圳先进院重点关注科研和人才培养，把更多事情交给社会来做。

地理空间及产业领域分布不均。当前新型科研机构发展模式多样，整体分布不均，力量比较分散。从行业分布来看，新型科研机构主要集中在生物医药、新材料、高端电子信息等战略性新兴产业领域，在传统工业产业领域分布很少，对传统产业的转型升级支持不够。从地理分布来看，新型科研机构主要集中在经济发达地区和人才集聚地区，在最需要技术和项目的中西部地区分布较少。从发展来看，除了政府引导的新形态的机构获得政府较大支持外，企业科研机构、民办组织获得的支持较少，多样化的发展模式、模糊的身份定位，使政府难以根据这类科研机构的统一需求进行重点支持。

5.2　内部治理与管理不完善

虽然我国新型科研机构大多都采用了理事会治理制度，但是受到“去行政化”进程滞后等影响，理事会制度作用难以发挥。同时，由于科研机构在内部管理方面缺少顶层政策的指导，想要在传统科研机构体制上实现突破存在很大的困难。

5.2.1　理事会治理制度作用发挥不充分

虽然我国新型科研机构大多采用了理事会治理制度，但是理事会对机构发展和管理的作用尚未完全发挥。新型科研机构的“新”字，包含了制度创新的内容，新型科研机构的出现，既是基于中国制度情境的特色，也反映了全球范围内在后学院科学时代，基于开放创新范式的科研组织形态的演变趋势。美国、德国、日本等发达国家，通过建立现代科研院所治理体系，激发传统科研院所的活力，实现科研和产业化的有机协调。德国弗劳恩霍夫协会通过建立会员大会、理事会、执行委员会“三会”统筹管理的架构，实施现代化的治理框架。日本通过开展独立行政法人化改革，也取得了显著成效。我国新型科研机构主要采用理事会领导下的院长负责制，是现代科研院所治理的典型架构。然而，许多新型科研机构还未能完全“去行政化”，受到行政级别等的制约，导致理事会制度未能充分发挥作用，“一年不开一次会”，无法真正发挥联合治理的优势。我国在科技体制改革范畴下，需要进一步建立现代科研院所治理体系，在为新型科研机构创造良好外部环境的同时，以法定机构等手段，进一步规范新型科研机构的治理。

5.2.2 缺少明确的管理和协调部门

目前，我国许多省份都支持新型科研机构的建设发展，但对新型科研机构的主管单位和标准认定部门并没有统一的规定，相关主管机构身份多样，如广东省由科技厅管理，重庆、上海由科委等部门牵头承担相关工作，福建、北京、吉林仅指出由人民政府管理和负责相关工作，全国没有一个明确统一的归口管理部门。多部门、多头管理，可能带来权责不清晰、遇到棘手问题无人管理等潜在风险，不利于形成新型科研机构发展的长效机制。多头管理也是造成新型科研机构定位模糊不清、鱼龙混杂的一个重要原因。在新型科研机构发展初期，减少监管和限制，可以促进其快速成长。但是新型科研机构无论是从规模还是从业务上来说，都已经成长到相对壮大的阶段，亟须加强标准制定和制度设计，为新型科研机构下一步的发展营造良好的制度环境。例如，新型科研机构科研人员兼职兼薪、离岗创业的责任尚未明确；国际人才来华在新型科研机构从事研究，其在国外的项目资金如何在国内使用；新型科研机构科研管理方面也缺乏相关的规定，缺乏顶层政策的指导，地方政策要想突破，存在很大的困难。

5.3 创新能力有待提升

我国新型科研机构科技、产业“两张皮”的情况依然存在，创新对产业发展支撑不足。由于我国大量的新型科研机构沿袭了传统机构科层化、行政化体制，面对多学科交叉的前沿领域，跨学科、跨系统的团队分工协作的机制尚未有效建立。产学研协同创新链条仍有堵点，对知识产权的保护、运用等的能力与国际先进水平相比存在很大差距，导致我国新型科研机构成果转化水平不高。

5.3.1　科研创新的市场需求导向不足

高校和科研院所主导的新型科研机构拥有较强的研发创新能力，但是研发的需求导向性不足，往往出现科技、产业“两张皮”的情况。高校和科研院所主导的新型科研机构是基础研究和源头创新的主要力量，拥有较强的学科、人才、科研设备和科研成果的综合优势，是最大的技术供给方。如中科院在各地纷纷建立服务区域经济发展的新型研发组织机构，将雄厚的研发力量移植到当地，将科技研发优势与地方的经济优势有机结合。在这些致力于转化科技成果的新型科研机构中，大部分机构缺乏与产业需求对接沟通的机制和平台，同时自身的成果转化能力薄弱，基础研究到产品市场化、产业化的转化机制不健全，仍然处于探索阶段。

虽然企业主导型新型科研机构具有极强的产业需求导向性，但是其共性技术研发动力较弱，研发成果对行业辐射带动能力不足。企业主导型新型科研机构为了满足市场竞争的需求，提高企业经济效益，围绕科技含量高和附加价值大的科技新技术、新产品开展研发创新活动，其研发计划的制定都是企业经过充分的市场调查和研判的，能在整个研发过程中得到企业稳定的研发经费支持。这类研发活动从基础研究到产业化以及应用推广的渠道非常顺畅，能够很好地满足市场的需求。但是这类创新活动是基于单一企业的需求，行业竞争性决定了其对整个产业发展的外溢带动能力有限，创新产品和技术服务的对象单一，发展具有一定的局限性。

还有一类新型科研机构以转化高校和科研院所的创新成果为主要功能，此类新型科研机构一般都隶属原有机构，以高校和科研院所的管理运营模式为主，通过自建的一些转化平台和孵化器促进成果转化，并将其自身研发能力和人才储备转化为现实生产力，部分机构还兼顾教育和人才培养的功能。但是，这类新型科研机构还在摸索阶段，专业服务水平还不高，缺少相关的专业人才，将市场需求反馈到科研创新的机制仍不完善。

5.3.2 跨学科、跨系统合作存在障碍

我国大量的新型科研机构主要是在政府、高等院校或者科研院所的主导下发展起来的，面对多学科交叉的前沿领域，跨学科、跨系统合作往往存在较大阻碍。新型科研机构的建立涉及政府、高等院校、科研院所等多个主体，仍然沿袭了原机构科层化、行政化体制，学科设置不适应实际需求、专业分工过细、部门界限和层级分割，以及各自为政的缺陷并没有得到根本改变。此外，共同参与新型科研机构建设的政府、高校、科研院所、企业以及社会组织等多方利益主体，彼此之间具有较强的异质性，属于各自独立的系统，在战略、目标、组织、资源等层面上还没有形成高效协同的运行机制，以致出现决策程序繁杂、多头管理效率低下、目标和行动分散、过度注重短期利益等问题。

同时，不同学科、不同系统之间的人员组合形式仍然相对单一，跨学科团队分工协作的机制尚未有效建立。有调查表明，一部分新型科研机构由于缺乏独立团队，一直未能形成稳定的研发队伍，主要依靠将企业需求带回到学校、科研院所进行对接，导致机构只能收取微薄的服务费，不能形成有效积累，也不能及时满足企业需求，发展十分缓慢。

5.3.3 产学研合作通道仍存在堵点

（1）产学研协同创新链条不通畅

对于政府主导的产学研项目，企业大多是被动进行“产学研”，在项目的需求编制、实施管理、评估评审等过程中，企业的话语权小、参与程度很低，缺乏产业需求互动机制。新型科研机构链接企业与高校、科研机构的作用尚未完全发挥，产学研合作存在技术供给与需求脱节、合作模式单一、利益分配机制不合理等问题。“创新链+产业链”没有实现真正的“创新支撑产业，产业牵引创新”。

（2）成果转化动力不足

成果转化以企业或技术转移机构拉动为主，新型科研机构成果转化能力仍然不强，科技成果评估体系和知识产权保护制度不完善，技术供给方

在产学研合作中存在顾虑。

(3) 科技成果转化服务体系不完善

新型科研机构在专业化技术转移转方面的能力不足，我国科技成果转化率仅为6%，与美日等发达国家50%的科技成果转化率差距较大。

5.3.4 尚未建立知识产权战略

知识产权是一个企业乃至国家核心竞争力的战略资源，我国新型科研机构作为创新的主体，相比国际领先的新型科研机构，对知识产权的应用还不足。我国知识产权制度建立比较晚，法律法规和各项制度都不完善。虽然国家有关部门重拳出击打击假冒伪劣产品，但盗版、伪造和仿造时有发生，严重地打击了创新型企业，破坏了整个市场秩序。我国新型科研机构运用知识产权保护自己创新成果，甚至通过知识产权布局抢占科技产业前沿领域的能力相对薄弱。随着中美贸易中“卡脖子”问题和科技“脱钩”现象的出现，对我国新型科研机构知识产权的保护、运用提出了更高的要求。

专栏5-1　弗劳恩霍夫协会专利战略

从科技发展的角度来看，快速创新的能力正变成技术竞争的决定性因素。为了确保创新技术不被随意盗用，发明者的权利需要通过专利的形式给予保护。由于弗劳恩霍夫协会巨大的技术储备和在提供解决方案上的强大实力，每年都产生大量的具有应用前景的专利。弗劳恩霍夫不只停留在通过发放专利许可证来获得专利本身的收益，还充分开发专利所带来的放大效益，推动实施专利战略。例如，2007年11月15日，德国联邦议会预算委员会通过了批准弗劳恩霍夫协会创建“弗劳恩霍夫基金”的决议。该基金的宗旨在于利用MP3许可证收入中的“非常收益”建设新的“专利集群”。近年来，该协会借助“MP3技术保护法”取得了相当丰厚的许可证收益。这笔收益使一批“自选研究计划”得到资助，并为“生成新知识产权集群”提供了良好机会。特别重要的是，该协会还通过制定相关的国际标准及“保护法”，使其有可能成为技术进步和新产品的先驱。因为“弗劳恩霍夫基金”的创建，使该协会所有的“知识产权集群”计划都有可能实施。基金每年都能为“知识产权集群”项目提供1000万欧元的特别经费。

5.4 体制机制亟须优化

目前，对新型科研机构的评估缺少产业化方面的考核指标，科研人才评价还存在“四唯”现象。资金筹措方面，大部分新型科研机构主要依靠政府资金来运行，扶持方式单一，社会资本参与新型科研机构建设的渠道不通畅。人才方面，新型科研机构需要的专业人才供给量偏少、聚集度较低、人才配置的结构不合理问题比较突出。

5.4.1 考核评估与产业需求脱节

目前，大部分新型科研机构的考核和评估较少考虑地方特色和对当地经济社会重大需求的支撑作用，导致在开展科学研究、项目引进、评估指标方面缺少对科技创新成果转移转化、产出成果实用性、市场价值等方面的评估考核。在建立人才评价体系的时候，大部分新型科研机构没能脱离以学术价值为主导的传统模式，科研人才评价存在“唯论文、唯职称、唯学历、唯奖项”的“四唯”现象，依然重点考核人才的论文数量、被引次数、高被引论文、影响因子等，并作为项目评审、科技奖励、人才评价、职称评定、绩效考核、学科评估等诸多方面的核心指标，缺乏对应用型人才的评估体系。人才评价体系对科技成果的转化缺乏足够的激励性，亟须打通科技成果的评估转让、专利入股等科研成果转化渠道，建立“目标导向、需求导向”的人才评价体系、绩效管理考核和激励机制。

5.4.2 资金来源渠道有待进一步拓展

新型科研机构市场化机制不成熟，整体上尚未形成灵活多样的投入渠道，完全依靠市场化运作的机制来实现机构自身造血的能力还比较弱。特别是政府主导型的新型科研机构，主要服务于政府的规划政策，定位于行业共性关键技术研究、科技创新成果转化和为产业提供专业服务，其运营发展的资金主要依赖财政扶持、项目补贴和绩效奖励。如江苏省出台政策明确提出，要依托地方政府出资设立或支持新型科研机构建设，地方政府首期投入资金不少于5000万元，建设期内运行经费由地方政府全额拨付，建设期结束后每年给予不少于1/3的运行经费。广东、福建等省也在相关政策中提出，安排专项资金支持新型科研机构发展。虽然政府为其提供了稳定的资金和业务来源，但也造成了新型科研机构市场需求导向不强和“路径依赖”，同时政府资金管理的有关规定，严重束缚了其体制和机制的灵活性。另外，政府支持新型科研机构发展的方式单一。除财政项目经费补助、土地补贴以外，政府在其他政策、税收、人才等方面扶持政策、举措不多，导致新型科研机构容易受制于政府资金管理的有关规定，体制和机制的灵活性被束缚，不利于新型科研机构持续健康发展。

社会资本参与新型科研机构建设的渠道不通畅。公益性社会组织、团体或个人主导型新型科研机构由社会组织、基金会、科研团体或个人出资成立，出于公益性研发技术的需求，为某一重点领域或具体行业提供专业的科学研究服务，可以有效支持共性关键和前沿基础研究，能够填补全社会科技创新体系中公益性技术研发及产业化的缺位。如腾讯首席执行官（CEO）马化腾与北京大学教授、中国知名科学家等15人共同发起的“科学探索奖”。国际上，很多非官方的大型公益研究院是通过成立财团法人或由慈善基金会注资等形式成立的，如德国弗劳恩霍夫应用研究促进协会，以及中国台湾工业技术研究院等。我国在法律上对财团法人的规定尚不健全，民间基金会的运行和管理存在诸多的问题和障碍，又由于社会组织、团体、基金会或个人投资成立的研发机构往往从事不确定性较强、周期较长的领域，产业化后期资金短缺瓶颈明显，可持续发展的能力不足，因此目前此类新型科研机构数量还不多，并没有真正发展起来。

专栏 5-2　美国大学基金会模式

美国大学捐赠基金的投资收益是美国大学尤其是私立大学运营经费的主要来源之一，它是由校友、公司、非营利组织等捐赠形成，投资组合形势多变，涉及股票、债券、房地产、私募股权等领域。通过基金为大学筹集收入，有利于提高大学独立性，增强了大学运作的稳定性，有利于大学提供卓越的教育产出。耶鲁大学 2020 财年捐赠基金的资产规模达到 312 亿美元；哈佛大学被称为世界上最富有的大学，2020 财年其捐赠基金的资产规模达到 419 亿美元。

国外许多大学的捐赠管理机构采用公司制管理体制，典型的如哈佛管理公司（HMC）和斯坦福管理公司（SMC）。管理公司组织框架设置与一般公司相同，各部门权责明确，共同负责捐赠基金的投资管理和日常运营；公司的董事会通常包括校长、首席财务官等学校高层、金融专家等，负责制定投资方向和审核资产分配方案。以哈佛管理公司为例，公司的董事会由哈佛大学的校长、教授们选举产生，CEO 由董事会任命。公司的投资管理部门分为内部投资团队和外部投资团队两部分，前者是哈佛自己的专业投资管理团队，后者是哈佛挑选的专业投资管理机构。斯坦福管理公司董事会成员包括投资专家、校长、首席财务官、学校管理董事会主席以及斯坦福管理公司的 CEO。斯坦福管理公司董事会负责审批资产配置，监督外部资产项目经理及评估公司投资情况和职员的工作表现。

5.4.3　人才引进和培养机制有待完善

与传统科研机构相比，新型科研机构需要的专业人才总量偏少、聚集度较低、人才配置的结构不合理问题比较突出。受制于新型科研机构发展还处于初期、科研创新的相关经费较少、体制机制创新不足、文化环境和社会保障等因素，我国新型科研机构专业化人才匮乏，尤其是具备科研、产业、管理等多方面能力的专业性复合型人才稀缺，高水平领军型创新人员和团队引进难、留住更难，加上新型科研机构间人才争夺越发激烈，导致专业化人才支撑无法满足机构的发展需求。

深圳先进院等新型科研机构对人才引进和培养方面做了一些创新探索，但是由于缺乏普适性的政策和制度支持，还存在较大的困难。为破除“四唯”的影响，鼓励开展基础科学研究，深圳先进院逐步推行分类评价、同行评议。但是，在开展岗位聘用、职称评审等工作时，仍存在科研成果重数量、轻质量的现象；年终考核的现行指标大部分为可量化的学术成果，而对学术经验和科研创新能力等指标的评估不足；考核工作缺乏过程性，对人才日常的监督指导和督促检查不足。

深圳先进院通过采取项目制进行“柔性引才”“灵活引才”“不求所有但求所用”等方式引才，大力吸引人才带着项目落地转化，一定程度上释放了创造活力。但是，由于缺乏普适性的政策和制度支持，新型科研机构在引进人才的职称评定、项目申报、子女入学等方面存在着诸多困难，导致许多研究人员仍然选择将人事关系保留在高等院校、科研院所等事业单位中。许多优秀的人力资源被束缚在了事业编制上，限制了人才的自由流动。

虽然随着中央和地方层面科技体制改革向纵深推进，新型科研机构在人才方面的体制机制创新不断推进，但综合性人才服务支撑体系仍存在较多阻碍，专业化人才的评价、考核以及相关待遇等政策亟待大幅改善。同时，全社会尊重知识、重视创造、崇尚创新的创业氛围还远没有形成。

第 6 章

新型科研机构未来发展趋势

· 国外新型科研机构经过多年发展，发展模式已十分成熟，给国内新型科研机构发展提供了众多借鉴之处。在政策支持和市场化机制的推动下，我国新型科研机构未来发展势头良好。

· 新型科研机构将成为国家创新体系的重要支撑，在未来将具有清晰明确的目标定位，包括公益性和公共技术服务平台的目标定位、促进科技成果转化的目标定位以及原始创新和关键共性技术攻关的目标定位。

· 借鉴发达国家和地区的经验，新型科研机构将成为理事会领导的法定机构，具有法人自主权。

· 新型科研机构将成为推动政产学研深度融合转化成果的重要平台，也将是科教融合协同育人的重要机构。

· 新型科研机构将成为国际化合作的全球化机构，既有国际化人才队伍，又具有国际竞争力。

6.1 他山之石：国外科研机构的特点及发展趋势

法国巴斯德研究所、日本产业技术综合研究所、美国国立卫生研究院、德国弗劳恩霍夫协会等机构是具有典型特点的国外科研机构，前文已经介绍了德国弗劳恩霍夫协会的治理模式及特点，在此基础上，本书总结国外典型科研机构的发展现状，梳理其组建形式、创新模式和管理机制等，为我国科研机构发展提供借鉴。

6.1.1 国外科研机构的模式及特点

1. 法国巴斯德研究所的发展模式及特点

(1) 法国巴斯德研究所基本情况

法国巴斯德研究所（Institut Pasteur）是世界著名的非营利科研机构，

由法国著名微生物学家、化学家路易斯·巴斯德以募捐形式创立的公益性私人研究机构，是微生物学、免疫学、传染病学等学科摇篮之一，致力于推动科学、医学和公共卫生的发展，已培养出多名诺贝尔生理学或医学奖获得者。①②

截至2018年底，巴斯德研究所共设有11个研究部门，拥有来自68个国家的2784名研究人员。巴斯德研究所定位为承担公共使命的非营利私人机构，是致力于研究、教育、健康、创新“四位一体”的研究机构，其在诸多方面的创新都有一定的借鉴意义。

专栏6-1　巴斯德研究所的起源

1881年，巴斯德组织研究人员研制狂犬病疫苗。1885年，巴斯德首次为人类接种狂犬病疫苗并获得成功。为了满足人们接种狂犬病疫苗的需求，巴斯德向法国科学院报告了治疗效果，建议成立专门研究狂犬病疫苗的机构。巴斯德指出，研究机构是私立性质，希望依靠捐助帮助研究机构获得资助。随后，该倡议得到各界的积极响应。1887年6月4日，法国总统颁布法令，成立以私立基金会资助为主，专门研究狂犬病疫苗的巴斯德研究所，并于1888年11月14日正式落成。

巴斯德研究所成立初期仅有5个实验室，主要研究狂犬病和微生物引起的其他传染病。经过130多年的发展，巴斯德研究所已经站在了世界科学的前沿，其开发的狂犬病疫苗、天花疫苗使全球人民受益，其和全球研究机构、基金会、大学等合作，开发了大量医学重大项目。同时，巴斯德研究所在全球搭建了巴斯德研究国际网络，32个研究所通过“四位一体”紧紧联系在一起。

（2）巴斯德研究所的特点及创新模式

一是布局覆盖基础研究、应用研究、医疗诊治和教育培训的研究框

① 潘巧，范琼，汤书昆．“巴斯德式”发展模式——法国巴斯德研究所科技创新模式［J］．世界科技研究与发展，2018，40（5）：528-532.

② 陈晓怡．法国巴斯德研究所的研究布局与科研优势分析［J］．世界科技研究与发展，2020，42（5）：567-572.

架。基础研究方面，巴斯德研究所的 11 个研究部门针对相关领域持续开展基础研究，具体包括神经科学、病毒学、免疫学、微生物学、分子生物学与传染病、基因组学与遗传学、肿瘤学、发展生物学与干细胞、结构生物学与化学、传染病与流行病学、寄生虫和昆虫媒介等。应用研究方面，巴斯德研究所针对公共卫生重大挑战进行研究，包括癌症、传染病、神经退行性疾病、自闭症等方面的研究。医疗诊治方面，巴斯德研究所设有专门从事传染病和过敏性疾病等预防、诊治和研究的医疗中心。2020 年 2 月初，法国巴斯德研究所仅用 3 天就完成了新型冠状病毒的全基因组测序。教育培训方面，巴斯德研究所成立了教育培训中心，以高水平的教学培养科学研究人员与医学研究人员。在生命科学和健康两大领域，巴斯德研究所已成为法国最大的在线课程机构。

二是组建独特的巴斯德国际网络（IPIN）。巴斯德研究所拥有一个由 1 个总部和 32 个分支机构成员组成的巴斯德国际研究网络，该网络遍布 26 个国家，包括欧美国家和一些饱受传染病困扰的亚非拉国家。巴斯德国际网络通过生物医学研究、公共卫生活动、创新和技术转让培训等方式，开展了广泛的国际合作，致力于全球公共卫生安全。IPIN 设置了国际网络理事会，会长由巴斯德研究所所长兼任，每年举行 1~2 次理事会会议，决议理事会拟定的国际网络年度发展计划等。

三是推动人才发展体制机制创新。巴斯德研究所在人才吸引、人才考核、人才交流方面都形成了自身的特点。人才吸引方面，巴斯德研究所于 2000 年设立了“G5s”项目，用于发现和吸引人才。该项目创建了由 1 名组长和不超过 4 名组员组成的青年科学家小组，多个小组均已成功转化为研究所的研究单元。此外，巴斯德研究所为终身研究员提供了多样化的职业发展机会，通过“口袋”计划建立有薪酬竞争力的岗位以招聘海外人才，并设立“卓越教授”职位来吸引全球年轻科学家。人才考核方面，巴斯德研究所从基础科学、应用科学两个方面制定考核标准。在基础科学领域，研究所终身研究员需具备该领域世界一流研究水平；在应用科学领域，研究所要求研究员能够将基础科学领域的科研成果进行应用转化。人才交流方面，研究所建有多种横向激励研究项目，用于推进研究人员的交流合作，进而提升研究所的国际影响力。为了加大总部和分所之间的人员流动，研究所自 2014 年起要求总部新入职的研究员需前两年在分所工作至少 3 个月。巴斯德研究所与主要的生命健康国立科研机构以建立建制化的联合实验室和相对灵活的 5 年研究团队等形式开展合作，来自外部研究机构的合作人员占到了总员工数量的 1/5。

四是打造以企业促进科研的经营模式。巴斯德研究所以企业促进科研，用科研成果转化反哺基础领域研究。研究所在 20 世纪 70 年代开始实施“研究所办企业，企业促科研，进行生产自救”的策略，通过多学科和横向研究促进创新发展和技术转让，进而将科研成果转化为企业的生产力。研究所发展部负责培育新的研究项目，通过建立跨学科研究项目加强国际网络的交流合作。研究应用与产业关系部负责技术转让工作，通过发展合作伙伴、促进发明、保护创新、专利转让等方式，将研究所的技术和创新用于促进诊断、疫苗、治疗和技术方面。

五是给予多渠道经费保障。巴斯德研究所的经费以自筹和社会募捐为主，其次是政府财政拨款和其他收入。在法国政府科技预算中，巴斯德研究所是全国生命与健康研究预算支持的第四大机构，仅次于法国国家科研中心、法国国家健康与医学研究院、法国原子能与可替代能源署等大型国立科研机构，得到的财政拨款约占该领域预算总额的 6%。近年来，社会募捐在巴斯德研究所经费中占比越发重要，为促进募捐来源多样化，研究所于 2014 年开始关注国际资金资助，将大额捐助者及国际捐助者作为重要募捐对象，已在瑞士、美国、日本、中国香港等多地建有筹款基金会。

2. 日本产业技术综合研究所的发展模式及特点

（1）日本产业技术综合研究所概况

日本产业技术综合研究所（National Institute of Advanced Industrial Science and Technology，AIST）原为通产省下属的 15 家独立的国立科学研究所，但各所均存在学科单一、规模较小、机构臃肿、效率低下、流动性差等问题。2001 年，日本政府为整合分散的科研资源，以产业化对抗泡沫经济，引导日本经济脱虚向实，合并上述 15 家研究所成立日本产业技术综合研究所，并赋予其“独立行政法人”资格。AIST 定位于弥合创新技术实验室阶段和商品量产阶段之间的鸿沟，特别注重共性技术的开发及其成果转化。具体而言，AIST 的功能主要是拓展基础性、独创性重要议题研究，从事竞争前阶段的产业共性技术研发，并采取委托计划方式推动产学官共同合作研发。AIST 目前的主要研究领域有两类：一是提高产业竞争力的核心技术项目，包括生命科学、信息电子、纳米科技和机械制造等；二是保持经济可持续发展、需要政府长期性支持的共性技术项目，包括能源环保、地质海洋、标准和计测等。

AIST 十分重视科技成果的转化，在研究所内部设立了“AIST 创新中心”，专门负责研究成果的技术授权业务，使研究机构与企业之间的技术转移更为顺畅。同时，AIST 还成立了创业孵化部门，培育创新型企业，推动日本新兴产业发展。

（2）日本产业技术综合研究所的特点及创新模式

一是建立围绕科研产出的独立法人制度。AIST 实行理事长负责制，其法人代表是理事长。AIST 的管理形式是由研发审议会（调查、审议政府某些行政事项的咨询机构的总称）、经产省主管大臣和研发法人共同规划中长期目标。研发审议会结合国内外情况对 AIST 的中长期发展目标开展讨论、提出建议，注重专业性、多样性和客观性。经产省主管大臣依据研发审议会的建议为国立研发法人确定中长期目标。研发法人按照经产省主管大臣明确的目标，负责制定详细的中长期发展规划（每一期发展规划年限为 7 年），并负责对照实施。政府依据规划下拨行政经费，AIST 围绕发展规划开展工作。政府不再直接干预研发法人的各项具体工作。在理事长之下，研究组织构架包括研究管理部门、研究实施部门及研究关联部门。研究管理部门负责研究机构自身的管理与运作，包括理事长直属部门、监事直属部门及普通管理部门三类。研究关联部门是支撑研究实施的部门，包括计划部、产学官合作部、成果普及部、国际部等 11 个组织。研究实施部门主要负责开展具体的科研工作。为了优先配置研究资源、集中力量推进战略性项目研发，上述研究机构设立了诸如微纳米技术、超临界流体、新有机材料、生命信息科学等 17 个研究中心。

二是构建独特的人事制度。在用人方面，AIST 被赋予了独立的用人权后，确立了“能力第一”的用人机制，并据此构建新型的人事制度。AIST 对科研人员进行无固定员额的编制管理。单位人员主要采用合同聘任制。在引进人才方面，理事长具有自主选聘人才的权力，科研人员的聘用、升迁等皆由理事长决定。

三是打造专注产业的技术转移专业团队。为将 AIST 的专利转化为企业能够直接使用的技术，日本产业技术振兴协会在 2001 年 4 月 1 日设立了 AIST 技术转移部门（TLO）。国立研究机构开发研究形成的技术一般不直接卖给企业，而是通过 TLO 根据企业的需要进行对口研究，获得企业所需的数据和样品，促进技术转移的成功。为了实现技术在企业中的应用，创建高新科技企业，培养风险企业创建平台，帮助创业者创业成功，AIST 于 2002 年建立了“风险企业开发研究中心”，研究中心的目标是创建风险企业模型。将大学创建的风险企业与 AIST 创建的风险企业相比，AIST 系风险企业不论在数量上还是规模上都遥遥领先。

四是设置差别化的工资和浮动的薪酬体系。AIST 在财务管理方面也享有较大的自主权，在经产省确定工资总额的前提下，AIST 有权决定内部人员的工资分配。在保障科研人员工资水平相对稳定的条件下，AIST 对所有员工实行差别工资和浮动工资制度。理事长虽然实行年薪制，但全年前两个月的工资为浮动制（由评估委员会进行评价决定其加减薪）。职工全年的收入相当于 16 个月的工资（其中有 1～4 个月评价工资属于浮动工资），既保持了科研人员收入的稳定性，又极大地调动了 AIST 科研人员的积极性和主动性。

3. 美国国立卫生研究院的发展模式及特点

（1）美国国立卫生研究院基本情况

美国国立卫生研究院（National Institutes of Health，NIH）是美国最主要的医学与行为学研究机构，也是世界上规模最大、最具影响力的医学研究与资助机构。NIH 的定位是探索生命本质和行为学方面的基础知识，并充分运用这些知识延长人类寿命，以及预防、诊断和治疗各种疾病和残障。NIH 由 27 个研究所和研究中心（IC）及 1 个院长办公室组成。

NIH 的管理机构包括两级。院级管理机构是院长办公室，院长办公室包括 12 个部门和一个咨询委员会，其根据各自的定位承担着专业的管理、服务、咨询、评估、监督职能。院外研究办公室负责制定和落实 NIH 院外项目同行评议有关政策。NIH 同行评议顾问委员会负责向 NIH 院长、分管院外研究项目副院长和学术评审中心主任就所有与同行评议过程有关的程序、政策提供意见和建议。

NIH 下属的 27 个研究所和研究中心中有 24 个直接接受美国国会拨款。各研究所和研究中心也有完整的管理架构，主要服务于自身的科研管理和学术研究工作。NIH 资助项目包括院外项目和院内项目，每年项目基金中 80%以上的资金用来资助院外项目，约 10%的资金用来资助院内项目，其余 10%左右的经费用于 NIH 的管理和培训。

（2）美国国立卫生研究院的特点及创新模式

一是设立协调管理机制。NIH 对所属各研究所和研究中心的管理并非直接管理，而是采取了一系列管理机制。首先，行政管理上实施例会制度。NIH 采取例会制度协调、管理跨 NIH 的行政和科学事务。例会制度中最重要的就是院长、研究所所长、中心主任、各办公室负责人的每周例会。NIH 的大多数整体事务和各研究所、研究中心之间的“所际”事务都是通过这个例会制度统一处理的。其次，科学合作上采取科研协调工作组机制。为协调 NIH 内部的科学合作事务，NIH 设有正式和半正式的科研协调工作组。其中，部分协调机制由 NIH 行政决定设立，部分由 NIH 自行设立后经国会批准，另有部分是由 HHS 部长会同其他联邦机构、部委一起设立的。总体而言，这个协调机制是在国会的指导下建立的。最后，赋予院长战略管理权限。院长在规划 NIH 的研究步骤和重点任务方面举足轻重，是 NIH 科研和行政事务的全权责任人。院长有权资助一些暂未获得资助的项目，可以将不超过 NIH 总预算 1%的经费在院内进行调拨，也可以运用国会批准的自由基金对本年度产生的特定研究机遇给予支持。

二是构建以研究所为主体的经费管理模式。NIH 科技计划经费包括院内研究资助和对外研究资助，均以各研究所为单位进行组织。研究所经费也分为对外资助经费和对内运行经费。NIH 下属各研究所单独从国会获得年度预算拨款，可自主决定各自领域的优先资助对象，并制订预算方案。通常情况下，各研究所提交的预算由 NIH 院长办公室汇总后提交总统预算办公室，再由总统提议到国会审批。对于跨领域的研究，则由 NIH 负责组织听取来自社会各界的建议和意见，协助判断和选择资助对象，完善运作机制。这个过程既复杂又困难，通常称之为设置优先级。

6.1.2 国外科研机构的发展趋势

“线性科研模式”给人们带来了一种思维定式，即基础研究和应用研究是科技进步的源泉。“二战”后，时任美国科学研究发展局主任的万尼瓦尔·布什在《科学：没有止境的前沿》一书中提出了“基础研究—应用研究—产品开发”的线性科研模型。这一模型在随后的几十年中，一直是全球科研的既定范式。对于这种科研模式的思考和突破，是近年来科技界着力进行的一项工作。哈佛大学卡特希·那拉亚那穆提教授 2016 年在《发明与发现：反思无止境的前沿》一书中，提出了和传统科技创新不同的全新观念，认为基础研究与应用研究的传统分类观阻碍国家的科学与技术进步，导致许多无用的政策建议；并阐述了美国大学的科技成果由新思想到实践应用的转化过程。目前全球正处于新一轮科技革命和产业变革时期，“技术群”特征明显，科技创新不再只依赖于单一技术，更多的是技术群的融合和集成。

2020 年 12 月 17 日，为纪念《科学：没有止境的前沿》出版 75 周年，美国国家科学院出版报告《无止境的前沿——科学的未来 75 年》，从科研事业、科学传播、政府和大学科研机构伙伴关系演化等方面，提出将美国的基础研究与今后几十年的经济增长关联起来的对策建议。推进新型科研机构在创新生态系统建设中发挥重要作用，成为国外科研机构发展的重要趋势。

专栏 6-2 《无止境的前沿——科学的未来 75 年》主要内容

报告指出美国未来科学发展面临 5 个关键问题。

一是研究系统无法匹配科研需求。国家科学基金会（NSF）在各个领域开展长期研发投资，政府、各类基金会和企业，通过开展合作，为科技新发现更快成为新产品和新服务奠定了基础。但数量不断增加的资助机构和研究机构，创造美国强大国家科研体系的同时，也面临运行机制和方式的多样化挑战。在推动科学向无止境前沿进军的路上，科研机构应保持多样性。

二是全球科研竞争态势日益激烈。21世纪以来，美国在全球R&D支出中占比从2000年的近40%降至2017年的28%；而中国从不到5%上升到25%以上。在一些高风险的先进技术方面，全球竞争非常激烈。未来75年，中国作为美国在科技领域的主要竞争对手，正快速崛起。

三是科技人才需求不断扩大。未来必须更加重视STEM教育（科学、技术、工程和数学教育），为尽可能多的人提供高质量、可获得和可承担的教育，持续引进和留住国外顶尖科技人才，不断提高技能人才水平，为未来数字经济做好准备。

四是战略性关键技术领域目标导向凸显。美国全球技术领先地位正受到威胁，在人工智能、机器学习等领域甚至处于落后地位。美国需在关键研究领域进行集中和持续投资。在国家科学基金会之外，建议建立一个国家技术委员会，聚焦高风险关键技术研发。

五是科技创新成果转化能力需加强。科技战略竞争关键是要重点支持那些将会对全球问题产生重大影响，但由于存在较大风险而无法吸引投资的构想和发明。在注重创新的同时，美国需要寻求新的方法来促进技术市场转化，将科技创新成果最快推向市场。

报告从研究机构发展、科学与公众、科学与慈善、政府与高校关系、基础研究与经济发展5个方面为美国维持未来全球科技领导力提供建议。

一是融合科学的问题与边界。完善多学科交叉发展的科技政策体系，前瞻探索适应融合科学发展的科技评价机制。扩展融合科学研究和应用的边界，加大民生科技的重视程度，特别是生命健康领域的发展。推动科学政策学、科技与社会学等方面的研究转化，改善科研管理与决策。开展广泛的包容性创新，解决落后地区科技应用难题。开展知识产权保护创新，关注发明者利益与公众利益不一致情况下的政府角色问题。

二是重视科学交流与传播。建立科学与公众之间的双向交流机制。随着科学涉及越来越多的跨学科合作，要畅通多种形式的科学交流能够有效促进科学合作。为公众创造最大化参与创新条件。进一步提高科学包容性，形成社会、公众与科学相互促进的制度文化。创造有利于公众参与科学的基础条件，改变政府科研机构的公众意见征询程序。

三是发挥民间资助科学研究的优势。补齐政府资助科学研究的短板。在科技和经济社会的快速发展进程中，企业、民间资本和各种基金会对科技创新的兴趣空前高涨。未来一段时期，虽然政府资助仍将是科研资助的主力军，但民间资助也不失为一种重要补充手段。利用民间资本加速变革性技术创新。相比政府投资，民间资本具备更高的风险容忍度，可以资助高风险、高回报的科学项目；同时，民间资本更具灵活性，可以在政府限定的某个学科框架之外，资助一些难以界定研究领域的跨学科项目。

四是巩固政府和大学的合作关系。培育科研创新和技术经济的双重引擎，研究机构应开展公私合作，积极发展技术转移转化业务。谨慎应对科研间谍活动带来的挑战，采取有力措施来防止数据和技术的泄露。将政府大学合作的成功经验向企业和其他机构方面输送，尤其是政府资助基础研究向应用研究到产品和服务过渡，进而丰富全国研究体系。

五是基础研究赋能技术创新和经济增长。继续增加联邦政府科研经费投入，扩大资助范围，吸引更多人才参与科学研究，维持美国全球科技竞争力。继续支持基础研究，基础研究仍是创新的根基所在，鼓励和培育更多年轻人参与到基础科学研究中。构建多元化的研究体系，促进科学发展，维持美国国际地位和竞争力。重塑学术价值光环，进一步关注科学与社会交叉问题，回应公众关切。

资料来源：美国国家科学院、科技咨询频道公众号、学术 plus 公众号。

2021年1月，美国总统科技顾问委员会（PCAST）提交了题为《未来产业研究所：美国科学与技术领导力的新模式》的咨询报告。PCAST指出，美国创新链上不同部门和环节之间存在割裂，国家实验室推动成果转化方面存在不足，产业界又只注重应用研究，美国未来产业技术创新的效率和活力受到严重影响。未来产业研究所将成为美国多部门协作推动其前沿产业创新的典范，进一步促进美国国家科研生态系统融合、协同。

和英国阿兰·图灵研究所、德国弗劳恩霍夫协会等科研机构相比，美国未来产业研究所横跨基础研究、应用研究、产品研发、产业化和市场推广的整个创新流程，和产业创新相关的所有公共部门和私人部门都可以成为其合作伙伴。未来产业研究所和我国新型科研机构相比，在目标、思路等方面都有相似之处，可见以美国为首的世界大国也越发重视“新型科研机构”对科技创新和科技体制机制改革的推动作用。

专栏6-3　未来产业研究所的组建模式与治理机制①

一、强化国家战略使命导向。设立国家未来产业研究所办公室，对研究所建设进行顶层设计，从而确保研究所的发展方向和美国使命需求相匹配，推动研究所之间的交叉、互补和协同。

二、建立理事会管理机制。每个未来产业研究所由独立的理事会管理，理事会由内部成员和外部专家组成，具体代表根据研究重点领域和资源配置来确定。研究所根据重要方向和领域下设相对独立的研究部门，并赋予部门主管充分的自主权。

三、建立灵活的科研项目形成机制。建立包含国家、学术界、产业界、社会多元来源在内的项目提出机制，论证立项过程以引导为主，而非限制。保持短期、中期和长期研究项目的组合，并注重项目大规模创新商业化的潜力，建立研究项目启动后的定期进展审查和价值评估机制。

① 王雪莹. 未来产业研究所：美国版的“新型研发机构”［J］. 科技智囊，2021（2）：12-17.

四、完善多元协同的资源配置和用人机制。制定多元参与的合作协议，以克服组织机制中的障碍。知识产权管理方面，应建立简洁、灵活、全面和合理的知识产权主协议框架。用人机制方面，需要形成灵活的人员结构，允许科研人员在其原本归属的机构和未来产业研究所之间自由流动，身份无缝转换。

五、形成基于功能实现的机构评价机制。以对于国家需要的领域的广泛贡献为导向，针对各个机构量身定制评价指标。实施研究所内部年度自评以及以五年为一个周期的外部审查相结合的评价机制。

6.1.3 国外科研机构发展经验借鉴

总结国外科研机构发展经验可以发现，很多科研机构已成为国家创新体系的重要支撑，具有完善的治理结构，并肩负推动知识创造和产业发展的重要任务，同时还不断向全球扩散成为全球性的科研机构。

（1）科研机构在完善国家创新体系中起着重要作用

德国弗劳恩霍夫协会定位于以共性技术为主的应用型研究，主要从事技术和生产工艺的开发与优化、新技术推广、产品测试、科技评估、认证服务等科技研发和服务工作。德国弗劳恩霍夫协会和马普学会、赫尔姆霍兹国家研究中心联合会等德国其他科研机构一起构成了德国国家创新链研发环节，基础研究、应用研究是相互促进的，保障了德国在研发各阶段都没有短板。

巴斯德研究所嵌入国家卫生健康科研体系，深度参与国家生命健康研究规划与公共卫生事业，并与科研机构、高校、医院、企业建立有针对性的合作关系，构建“四位一体”的创新体系。以分子生物实验室为代表的理事会重点支持的研究所/研究中心/国家实验室和大学自建重点实验室、政府部门直接支持和管理的科研机构、技术与创新中心形成了英国的国家战略科技力量，在维持英国在特定领域内的研发优势，实现国家科技引领发展等方面起到了重要作用。

（2）国外科研机构已形成十分完善的理事会治理结构

国外成熟的科研机构大多为理事会管理模式，法人治理结构使得国外科研机构具有自主权。德国弗劳恩霍夫协会虽由国家资助，但享有高度自主管理权，政府对研究项目不做任何干涉。在理事会管理模式下，美国国立卫生研究院院长具有战略管理权，是研究院科研和行政事务的全权责任人。各研究所和研究中心也有完整的管理架构，主要服务于自身的科研管理和学术研究工作。日本产业技术综合研究所的法人化改革，使其由“国家机构”转变为独立的“行政法人”，赋予了日本产业技术综合研究所独立的法人地位，其引入经费竞争机制，同时赋予经费使用权。在进行“法人化改革”后，日本政府不再无偿拨款，日本产业技术综合研究所必须有成效地完成相关中长期发展规划，日本政府委托第三方进行年度和中期目标评估，评价标准由“效率主导”转向“成果主导”。

（3）科研机构有效推动产学研深度融合

科研机构肩负着政产学研深度融合的责任，在推动知识创造和产业发展中发挥着重要作用。弗劳恩霍夫协会介于纯基础研究和工业实践研发之间，既注重快速实践的产学研转化，又时刻密切跟踪行业发展趋势，2 万多名科研人员一年能够服务几千个企业客户的委托，并完成近万项研发项目，且多为前瞻性的研发工作，确保其科研水平处于领先地位。其科研使命在于为市场提供有相当产品成熟度的科研创新服务，促使科技成果能迅速转化为市场成熟产品，其在德国有“科技搬运工”之称。此外，德国弗劳恩霍夫协会研究人员参与大学的教学活动，并积极吸收学生参与项目研发。

美国的科技工业园区模式和合作研究中心模式是科研机构发展成为产学研深度融合媒介的重要方式。科技工业园区模式是以研究型大学为核心，联合企业和科研机构在高校周围创办科技企业、开发新技术和新产品，逐渐发展成的科技工业园区，最成功的是以斯坦福大学为中心创办的科技工业园——硅谷。合作研究中心模式是由企业、大学和科研院所联合建立的研究中心，一般由企业提供资金，大学和科研机构提供实验设备和研究资料。

（4）国外科研机构正不断发展成为国际化的全球组织

日本产业技术综合研究所不仅积极与世界一流研究机构及高校进行合作，还积极推进科研人员的国际交流。日本产业技术综合研究所同麻省理工学院、斯坦福大学、中国科学院、法国国家科研中心、美国国家标准及技术研究院等研究机构都建立了良好的合作关系。巴斯德研究所在全球多个国家设立分所，并成立了国际网络理事会，逐步扩大国际合作网络，深化实质性合作，派遣研究人员到国外高校及科研机构进行学术访问。

6.2 找准自身的目标定位

新型科研机构有别于高校和现有科研院所，和企业研发机构也有着明显的区别。未来新型科研机构在明确自身定位的情况下，才能融通科技和经济板块，有效破解科技与经济“两张皮”难题，打造产业核心竞争力。

6.2.1 成为科技创新的策源地

我国正加快推进建设创新型国家，国家创新体系是引领高质量发展的重要支撑。未来在我国创新体系中，新型科研机构将发挥重要作用，不仅能成为提升我国创新体系整体效能的平台，也将是我国加强基础研究体系的重要保障。

（1）成为提升国家创新体系整体效能的平台

科技是第一生产力，创新是第一动力，科技创新领域是最需要不断改革的领域。党的十九届五中全会强调，坚持创新在我国现代化建设全局中的核心地位，把科技自立自强作为国家发展的战略支撑，完善国家创新体系，加快建设科技强国。国家创新体系是以政府为主导、充分发挥市场配置资源的基础性作用、各类科技创新主体紧密联系和有效互动的社会系统。从事基础研究、前沿技术研究和社会公益研究的科研机构，是我国科技创新的重要力量。引导和培育新型科研机构发展壮大，对于加快我国科技体制改革、完善国家创新体系具有重要意义。

近年来，中央及地方文件多次提出推动新型科研机构发展，明确企业、高校、新型科研机构等创新主体在创新链不同环节的功能定位。在科技部 2019 年下发《关于促进新型研发机构发展的指导意见》后，各地出台了大量支持新型科研机构发展的措施，积极通过财政资金支持、营造创新环境、优化人才激励机制、保障基础设施建设、支持科技项目申报、引入社会资本等方式推动新型科研机构发展。新型科研机构聚焦科技创新需求，在开展科技研发、加速成果转化、培育创新人才、建设创新文化等方面取得显著的进展。引导和培育新型科研机构发展壮大，推动新型科研机构健康有序发展，是深入贯彻落实创新驱动发展战略，集聚创新资源、提升国家创新体系效能的重要举措。

在美国未来产业研究所咨询报告中，美国总统科技顾问委员会指出，应设立国家未来产业研究所办公室，起到顶层设计规划指导作用，确保研究所发展方向和国家需求相匹配。从之江实验室和鹏程实验室的发展经验看，新型科研机构在我国国家创新体系中发挥了重要作用，承担了大量国家级科研项目，是国家科技创新基地的“预备队”。

之江实验室是浙江省委、省政府贯彻落实习近平总书记科技创新思想，深入实施创新驱动发展战略的重大科技创新平台，肩负了建设创新型国家、世界科技强国进程中的浙江责任与担当。实验室由浙江省人民政府、浙江大学、阿里巴巴集团共同创办，以国家目标和战略需求为导向，以重大科技任务攻关和大型科技基础设施建设为主线，以打造国家未来战略科技力量为目标，形成一批原创性、突破性、引领性、支撑性的重大科技成果。2019 年 9 月，之江实验室一次性获批 7 个工信部“制造业高质量发展专项”项目，其中牵头 3 个、参与 4 个，这与之江实验室在工业互联网安全领域的前瞻布局密不可分。

鹏城实验室是广东省政府批准设立、深圳市政府负责建设的二类事业单位，由深圳市政府主导，以哈尔滨工业大学（深圳）为依托单位，与北京大学深圳研究生院、清华大学深圳国际研究生院、深圳大学、南方科技大学、香港中文大学（深圳）、深圳先进院、华为、中兴通讯、腾讯、深圳国家超算中心、中国电子信息产业集团、中国移动、中国电信、中国联通、中国航天科技集团等高校、科研院所和高科技企业优势单位共建。实验室以服务国家和区域发展战略为己任，聚合国内外优质创新资源，建设重大科学基础设施和平台，开展区域性多领域、跨学科、大协同的基础研究和应用基础研究，重点布局网络通信、人工智能和网络空间安全等研究方向，努力引领未来学术方向，推动网络信息产业发展，积极推动粤港澳大湾区打造国际科技创新中心。鹏城实验室已取得了部分重大创新成果，如由鹏城实验室和华为联合共建的鹏城云脑-2 是有 1000P（每秒百亿亿次）AI 算力的大科学装置，将服务于国家重大战略需求、大规模挑战性科学计算等关键领域。

（2）是加强基础研究体系的重要保障

基础研究是整个科学体系的源头，是所有技术问题的总机关，对科技创新起到源头供给和引领作用。国家统计局、国际经济合作与发展组织等都对研究与试验发展（R&D）、基础研究做了界定。研究与试验发展包括基础研究、应用研究和试验发展三种类型。基础研究指为了获得关于现象和可观察事实的基本原理的新知识而进行的实验性或理论性研究，包括纯基础研究和定向基础研究，其中纯基础研究是指不追求经济或社会效益，也不谋求成果应用，只是为增加新知识而开展的基础研究；定向基础研究是指为当前已知的或未来可预料问题的识别和解决而提供某方面基础知识的基础研究。

2019 年，我国基础研究经费为 1335.6 亿元，占 R&D 经费比重为 6.03%。高等学校、政府下属研究机构和企业的基础研究经费分别为 722.2 亿元、510.3 亿元和 50.8 亿元，高等学校和政府下属研究机构对全社会基础研究经费增长的贡献分别为 54.0%和 35.6%。我国科技经费投入规模稳步增加，但与美国（2.83%）、日本（3.26%）等科技强国相比，我国 R&D 经费投入强度明显不足，基础研究占比与发达国家普遍 15%以上的水平相比差距仍然较大。在推动基础研究发力强弱项的进程中，新型科研机构将起到重要作用。

“从 0 到 1”式的纯基础研究和“技术科学”都是创新链的动力源泉。技术科学是连接基础研究与工程需求的节点，是很多新型科研机构模式的关键。为了解决我国基础研究缺少“从 0 到 1”原创性成果的问题，科技部、发展改革委、教育部、中科院、自然科学基金委 2020 年 3 月印发《加强“从 0 到 1”基础研究工作方案》。文件指出，支持高校、科研院所自主布局基础研究。高等学校与科研机构结合国际一流科研机构、世界一流大学和一流学科建设，遵循科研活动规律，自主布局基础研究，扩大高等学校与科研机构学科布局和科研选题自主权。

2020 年 4 月，科技部等 6 部门印发《新形势下加强基础研究若干重点举措》，支持企业和新型科研机构加强基础研究。支持新型科研机构制度创新，在科研模式、评价体系、人才引进、职称评定、内控制度等方面积极探索，先行先试；支持新型科研机构建设创新平台、承担国家科研任务；推动产学研协作融通，形成基础研究、应用研究和技术创新贯通发展的科技创新生态。

以研发为主的新型科研机构，聚焦创新链上游的基础研究和应用研发等功能，着重原始创新，能够充分发挥以研发源头创新带动产业发展的杠杆作用，解决特定关键领域和战略性新兴产业发展中的技术瓶颈，将成为提升我国基础研究和科技创新能力的重要保障。

以北京生命科学研究所为例，北京生命科学研究所于 2003 年开始筹建，2005 年正式揭牌成立。建立北京生命科学研究所是中国政府发展生命科学技术领域的重要战略之一，北京生命科学研究所的主要任务是进行原创性基础研究，同时培养优秀科研人才，探索新的与国际接轨而又符合中国发展的科研运作机制。2014 年，北京生命科学研究所李文辉教授研究团队在全球首次发现了乙肝病毒（HBV）及丁肝病毒（HDV）感染人体所必需的细胞受体，从而为真正解决乙肝病毒治疗药物耐药问题提供了一条更为可靠的路径。2016 年，北京生命科学研究所“植物小 RNA 的功能及作用机理”项目获得国家自然科学家二等奖。2019 年北京生命科学研究所资深研究员邵峰获得第四届未来科学大奖“生命科学奖”。北京生命科学研究所经过多年创新发展，为我国基础科研改革闯出一条新路。

以中国科学院深圳先进技术研究院为例，深圳先进院在建设发展过程中，要求研究人员的科学探究一定要以明确的应用场景为目标，追求工程知识成果—专利的产生，并以一系列与专利、产业投入等相关的产业创新指标作为考核的重点，是典型的新巴斯德象限范畴的技术科学范畴的创新模式。技术科学研究工作始于对技术瓶颈的识别，而深圳先进院有关技术瓶颈的知识则来自与产业界的合作和交流，这一环节是深圳先进院创新成果交付与创新创业工作的前端，从某种意义上讲也是技术科学工作的前端，在研究开始之前，就为日后的转化，以及产业合作埋下伏笔，寻找到应用的可能场景，创新过程中，国家战略和产业需求与科学家自由探索宽频谱、全流程地结合起来。

随着中国产业技术水平逐渐提升，特别是粤港澳大湾区自主创新产业集聚发展，产业升级需求已经很难仅用“现成知识”就能满足，而必须由国际前沿的技术科学领域、推进某些新的自然科学研究来支撑，深圳先进院海外高水平人员多，国际学术和科研资源网络联系紧密，为深圳先进院用相关技术原理去满足大湾区产业升级的创新需求奠定了基础。

技术科学发展的一个重要内容是对现有的技术经验进行标准化建模和改造，深圳的产业基础为这个“科学反求”的环节提供了经验土壤和应用场景，可以高效率、低成本地进行创新与试错，例如深圳先进院合成生物与产业合作的高通量自动筛选系统的实现和手机技术与结构光成像协同创新成为一系列手机生物识别技术，在这个创新模式中，来自产业的隐性知识被翻译成显性知识，成为工业急需的“共性技术”。

6.2.2　开展公益性和公共技术服务平台

部分发达国家和地区的经验表明，很多新型科研机构的科学定位是非营利公益性机构，这样可避免其陷入国有企业和政府组织易出现的僵化、低效困境，也可以防止机构一味追求自身利益最大化。英国健康数据研究所、罗莎琳德·富兰克林研究所等新型科研机构均被赋予“公司制+慈善组织”双重身份属性，慈善组织身份使研究所以非营利方式开展科学活动，收入不需要纳税，但支出都必须用于慈善目标，且利润不得分红。

非营利科技研发服务机构是吸引社会力量参与社会公益服务的重要形

式，也是新形势下政府改革科技发展支持方式的新途径。政府职能转变、购买公共服务为非营利机构的发展提供了重要条件。《中共中央关于全面深化改革若干重大问题的决定》把科技类社会组织列为重点培育和优先发展的四类社会组织之一，我国经济社会发展的新形势为非营利科技研发服务机构的发展提供了重要机遇。

2018 年北京市印发《北京市支持建设世界一流研发机构实施办法（试行）》，强调了新型科研机构的公益性。该实施办法指出，新型科研机构是指由战略性科技创新领军人才领衔，采取与国际接轨的治理模式和运行机制，协同多方资源，从事基础前沿研究、共性关键技术研发的事业单位或科技类民办非企业单位（社会服务机构）。部分省市关于新型科研机构的定位中，对于社会公益性的新型科研机构给予了更灵活的管理机制和运作机制。如周口市出台政策中指出，新型科研机构可根据实际需要灵活注册法人资格。主要从事应用基础研究和社会公益性研究的新型科研机构，可根据共建协议约定，经省市、县市（区）机构编制管理部门批准设立科研事业单位，按照去行政化要求，不定机构规格，不纳入机构编制核定范围，不纳入财政预算管理，并鼓励新型科研机构注册为民办非企业单位。

作为我国科技中介服务体系的重要组成部分，以及推进社会科技进步的重要力量，民办非企业科研机构近年来得到了政府的大力支持。《2019 年民政事业发展统计公报》显示，截至 2019 年年底，全国共有民办非企业单位 48.7 万个。作为非营利组织，民办非企业类新型科研机构的主要目标是向社会公众提供公益性的科技产品和服务，因此其科研管理的核心任务是使公共的科研资源得到最佳配置，获得最大化的科研效率。目前，民办非企业类新型科研机构主要有仿事业单位、事企混合和企业管理三种管理模式。以深圳华大基因研究院、深圳光启高等理工研究院为代表的民办非企业类新型科研机构，以市场为导向，开展源头创新工作并取得了成功，值得其他科研机构学习。

新型科研机构具有创业创新平台功能，站在产业发展高度成为产业创新服务平台，既不做从科研到产业的中介，也不做单边的技术供给，而是成为重要的产业组织者。中国科学院武汉物理与数学研究所建立了所级公共技术服务中心，加强仪器装备整合和建设，大幅提高装备水平，构建了多个特色鲜明的技术平台。

宁波新材料联合研究院是全国首个新材料技术服务平台，于 2016 年正式成立，是由宁波高新区管委会整合中科院宁波材料所、兵科院、诺丁汉新材料研究院等科研院所资源，搭建的首个“中国新材料产学研合作创新示范基地”。宁波新材料联合研究院成立事业单位与研究院有限公司，“两块牌子、一套班子”，实行“事业单位企业化运行”，聚焦“公共检测、应用研究、成果转化、创业孵化、产业加速、科技金融”六大功能，开展应用研究和科技成果转化，孵化原创性项目。宁波新材料联合研究院借助中科院宁波分院和中科院宁波材料所资源优势，形成“一平台六中心”，推动公共检测与应用研究建设。“一平台”指材料公共试验检测平台，配套完善的高精尖检测设备，为企业提供试验检测服务；“六中心”指有机功能材料工程技术中心、轻量化材料工程技术中心、增材制造工程技术中心、能源材料工程技术中心（筹）、电子信息材料工程技术中心（筹）和生物医用材料工程技术中心（筹）等六大应用研究技术中心，瞄准通用高分子材料、超导材料等方向，面向研发机构、新材料企业和创业者等提供研究平台与设备服务。六大工程技术中心重点聚焦行业带动性强的共性技术、关键技术的研发创新，通过创新，破解地方经济发展瓶颈，提升地方产业核心竞争力。研究院的平台和工程技术中心均对社会开放，适当收取人工成本费，并充分利用省、区、市各级“科技创新券”政策，降低创业企业的研发成本。

6.2.3 促进科技成果转化平台

以科技创新驱动高质量发展，是贯彻新发展理念、破解当前经济发展中突出矛盾和问题的关键，也是加快转变发展方式、优化经济结构、转换增长动力的重要抓手。近年来，我国科技创新取得了巨大进步，专利申请量、研发人员数量位居世界第一，研发费用支出位居世界第二，但我国科技成果转化率相较于发达国家还有很大差距。美国、日本等发达国家科技成果转化率高达 60%~80%，我国科技成果转化率仅为 10%~20%，2018 年我国技术交易成交金额为 17697.4 亿元，科研机构技术交易成交金额为 828.3 亿元，同比下降 4.4%。科研机构科技成果转化不足，严重制约科技对经济增长的贡献度。传统科研机构积累的大量科技成果难以转化，很大原因是科技成果和用户需求之间存在距离。对于新型科研机构来说，一项重要职责就是通过和企业实时对接，推进科技成果转化进入市场。

传统的科技成果转化是一种外部的协同创新机制，产、学、研三方分别作为独立的个体。大学、科研院所这些组织承担的主要职能是进行科学、技术研发活动，企业则主要承担将大学和科研院所的研发成果产业化的职能，要实现科学研究成果的产业化，研究成果就得从大学、科研机构向企业转移，这个转移的过程就是知识创新与企业技术创新的对接路径。新型科研机构主体之间有一种内部协同创新机制，是促进科技成果顺利转化的关键因素。新型科研机构能够通过自身的协同创新机制优势在科技研发、成果转化、市场导入和产业化等各链条、各环节衔接过程中对人才、成果、资金、信息、中介服务、管理、政策引导等要素进行优化组合和高效配置，以促进科技成果转化顺利实施。

以平台为主的新型科研机构，依托创新成果转化新机制，吸引相关专业机构进入平台，构建专业化技术转移和产业创新体系，能够加快推动关键原始技术在产业中的应用，孵化育成各类科技型企业。为了加快新型科研的科技成果转化应用效率，各地出台的相关政策中也重点提及科技成果转化功能。如甘肃省出台《促进新型研发机构发展的指导办法（试行）》，指出甘肃省新型研发机构主要围绕全省经济社会及重点产业发展需求，以科技成果转化应用为目的，至少具备开展基础与应用基础研究、开展产业共性技术研发与服务、开展科技成果转化与科技企业孵化服务的功能之一。

以南京先进激光技术研究院为例，该研究院近年来建成了国内先进的激光产业技术研发平台，聚焦于激光与光电方向的产业技术研究、技术服务、成果转移转化、科技企业衍生孵化，着力打造“专业研发机构+孵化器”的运营新模式，运用市场机制推动优势技术成果落地转化。通过在激光与光电领域的产业技术布局及研发，研究院取得了一系列重要科技成果并成功实施转化。南京先进激光技术研究院累计培育孵化科技型企业50余家，并通过科技与资本的有效融合，助推一批高科技企业取得了快速成长，引领激光产业集聚发展的作用日益突出。2018—2019年，研究院连续两年获得南京市新型科研机构绩效评估一等奖，为地方产业高质量发展做出了积极贡献。

6.2.4　突破关键“卡脖子”技术攻关的载体

关键技术“卡脖子”近年来已成为我国亟须攻克的难题，我国布局新型科研机构，就是希望能在关键核心技术领域取得突破，解决诸多“卡脖子”问题。新型科研机构目前已成为发展“卡脖子”技术创新的主力之一，新型科研机构能够吸引政府、高校科研机构、企业等各创新主体共同参与，研究内容包括基因工程、人工智能等创新技术方向的行业前沿，为实现关键技术创新奠定了相关基础。新型科研机构能够充当“基础研究—技术发明—产业发展”的桥梁，除技术开发外还能根据市场需求来进行科技成果转化甚至产业化，为关键技术的落地提供保障。

各地关于新型科研机构发展的政策重点强调了新型科研机构突破关键技术的重要性。如2019年广东省出台《关于进一步促进科技创新的若干政策措施》，指出新型科研组织模式主要体现在省重点领域研发计划上。省重点领域研发计划是指面向世界科技前沿、面向经济主战场、面向国家和广东重大需求，围绕重点领域开展关键核心技术攻关，加强科技创新的驱动力，加快解决产业发展“缺芯少核”等瓶颈问题，加快建设科技创新强省和粤港澳大湾区国际科技创新中心的科技计划。

新型科研机构要瞄准关键核心技术、“卡脖子”领域持续发力，加快推动关键共性技术、前沿引领技术、现代工程技术和颠覆性技术取得新突破。很多大型新型科研机构都将目标定位于关键核心技术突破，在“卡脖子”领域持续发力。如之江实验室坚持集智攻关，以大兵团作战方式密集推进一大批科研项目。其牵头研发的“之江天枢人工智能开源平台”已面向学术界、产业界全面开源，其分布式计算引擎支持超大规模模型训练，计算性能得到了较大幅度的提升，为我国人工智能技术研发的自主可控夯实基础。

除承担关键“卡脖子”技术攻关外，新型科研机构还以特定领域技术攻关为主要目标定位。中国科学院深圳先进技术研究院内尔神经可塑性诺奖实验室联合美国斯坦福大学陈晓科团队针对阿片类药物成瘾发现了两条神经通路的全新功能：分别调控成瘾记忆的形成和维持。研究人员通过抑制其中一条通路，成功消除了小鼠成瘾的关联记忆，阻止了复吸行为的发生。该相关研究成果对于其他顽固的深度记忆，例如恐惧记忆、创伤后应激障碍等亦有借鉴意义，对戒毒、禁毒工作有重大帮助。

2020 年 9 月 11 日，习近平总书记主持召开科学家座谈会并发表重要讲话，指出现在我国经济社会发展和民生改善比过去任何时候都更加需要科学技术解决方案，同时在激烈的国际竞争面前，在单边主义、保护主义上升的大背景下，必须走出适合国情的创新路子，特别是要把原始创新能力提升摆在更加突出的位置，努力实现更多“从 0 到 1”的突破。高校和科研机构是原始创新的重要源头，新型科研机构对推动原始创新起着重要作用。

2020 年 6 月 12 日，北京雁栖湖应用数学研究院在怀柔揭幕。北京雁栖湖应用数学研究院目标定位于应用数学的前沿基础理论和关键工程技术问题，以建成世界顶尖、国际一流的高端应用数学科研机构为目标，充分利用北京创新资源优势和政策先发优势，围绕应用数学的前沿基础理论和关键工程技术开展科研攻关，力争取得一批重大原创成果，为建设创新型国家提供有力支撑。研究院以源头创新作为目标，按照“国家战略、世界一流、国际引领”的目标要求，瞄准前沿基础理论和关键工程技术等领域的战略需求，围绕数学物理与理论物理、材料科学、人工智能与大数据、图像科学、大尺度建模与计算、统计方法与数据科学等与数学相关的重大应用领域研究。

6.3 探索自主运行的法定机构

法定机构是“舶来品”概念，在不同国家和地区，相关称谓存在差异，美国称其为“独立机构”，日本称其为“独立行政法人”，新加坡称其为“法定机构”。理事会领导模式是新型科研机构的基础，未来部分新型科研机构将发展成为“一机构一规章”或“一机构一法规”管理下的法定机构，具有充分独立的法人自主权。

6.3.1 建立高效的理事会管理模式

部分新型科研机构将发展成为具有特定管理职能的法定机构，在遵循科研规律和市场规律的基础上，采取理事会治理模式和市场化运作机制。一些属于事业单位的新型科研机构，在保留事业单位行政级别的基础上，转向法定机构，依法独立运行。2007 年开始，深圳市就在借鉴中国香港、新加坡法定机构经验的基础上开始推行法定机构的试点，2011 年广东省机构编制委员会办公室在借鉴深圳先行试点的基础上出台了《关于在部分省属事业单位和广州、深圳、珠海市开展法定机构试点工作的指导意见》。针对转向法定机构的新型科研机构，地方政府应做到“一机构一规章”或“一机构一法规”，充分体现新型科研机构在管理运作上的特性。

专栏 6-4 《关于在部分省属事业单位和广州、深圳、珠海市开展法定机构试点工作的指导意见》部分内容

法定机构是根据特定的法律、法规或者规章设立，依法承担公共事务管理职能或者公共服务职能，不列入行政机构序列，具有独立法人地位的公共机构。

确立机构类型。根据法定机构业务特点的不同，可以将法定机构分为主要承担公共事务管理职能和主要承担公共服务职能两种类型。其中，主要承担公共事务管理职能的法定机构，在职责权限范围内依法履行行政许可、行政处罚、监督检查等执法、监管及其他职责；主要承担公共服务职能的法定机构，在政府或者政府相关部门的指导下，依法直接向社会提供公共服务，满足公益需求。因实际需要，通过地方性法规、政府规章等规范性文件，也可以将其他职责交由法定机构承担。

明确权责关系。进一步推动政事分开、管办分离，实现政府决策职能和执行职能的相对分离与相互制约。政府或者政府部门主要负责制定发展规划和公共政策；法定机构作为政府或者政府部门的执行机构，在职责权限范围内具体执行发展规划和公共政策。政府、政府各部门以及法定机构要严格按照法律、法规和规章的有关规定依法履行各自职责。政府或者政府部门对法定机构的运作目标、过程和绩效进行监督、协调与指导，确保法定机构的公益属性；法定机构应及时向政府或者政府部门反馈业务开展情况，并将发展规划、财务预算、年度工作计划、年度报告等重要事项报有关部门审定或者备案。

创新治理模式。除主要承担行政执法等公共事务管理职能的法定机构外，对服务事项主要面向社会、涉及利益相关者较多、社会关注度较高且规模较大的法定机构，可以探索建立社会共同参与治理的法人治理结构。在经费与人员规模相挂钩的基础上，可以探索建立灵活的人员使用与管理、绩效分配等机制，其中专业技术性较强的法定机构，可以对部分行政副职和总工程师、总经济师、总会计师等岗位实行公开招聘。根据机构职能和类别的不同，可以探索实行多样化的经费筹措模式。积极探索建立其他创新型治理模式。

海口、成都等地已成立一批相关的法定机构。如海口国际投资促进局是由海口市人民政府发起，基于公共服务目的而设立，不以营利为目的、不列入行政机构序列、不从事法定职责外事务，经授权代表政府在法定职责范围内开展经贸活动的非营利法人机构。作为专门从事招商引资而新成立的法定机构，海口国际投资促进局实行理事会领导下的局长负责制。理事会由发起单位委派理事组成，主要履行出资人和管理责任，决定职位、人事、薪资、年度和长远发展目标任务等重大事项。局长按章程规定履行职责。2021 年 4 月，成都市发布《成都未来科技城管理暂行办法》，明确将在成都未来科技城设立发展服务局履行法定机构职责。

理事会领导下的院（所）长负责制是新型科研机构的主要管理模式。《关于促进新型研发机构发展的指导意见》指出，多元投资设立的新型研发机构，原则上应实行理事会、董事会（以下简称“理事会”）决策制和院长、所长、总经理（以下简称“院所长”）负责制。理事会成员原则上应包括出资方、产业界、行业领域专家以及本机构代表等。理事会负责选定院所长，制定、修改章程，审定发展规划、年度工作计划、财务预决算、薪酬分配等重大事项。法定代表人一般由院所长担任。院所长全面负责科研业务和日常管理工作，推动内控管理和监督，执行理事会决议，对理事会负责。

以香港科技园公司为例，香港科技园公司是香港特别行政区政府设立的法定机构，于 2001 年 5 月 7 日正式开始运营，目前着重发展人工智能和机器人技术、生物医学、数据和智慧城市、金融科技四个领域。香港科技园是香港创新及科技体系中的关键，是推进香港官产学研合作，促进研究成果转化的重要基地。香港科技园为企业提供了多项扶植发展政策，包括创业计划、企业飞跃计划、科技企业投资基金、企业家伙伴合作计划等。针对初创期的科技企业，香港科技园制订了独特的培育计划，包括生物医药科技培育计划、科技创业培育计划、网动科技创业培育计划等。目前，香港科技园已经培育了 620 余个公司，78%的毕业培育公司依旧处于运营状态，并已有 4 家公司在香港上市。

以北京量子信息科学研究院（简称“量子院”）为例，其成立于 2017 年，是由北京市政府发起，联合北京多家顶尖学术单位共同建设的新型科研机构，首任院长由清华大学副校长、中科院院士薛其坤担任。在组织架构上，量子院是由北京市政府发起成立的独立法人事业单位，不定机构规格，不核定人员编制，实行理事会领导下的院长负责制，理事会是量子院的决策机构，下设评估委员会和审计委员会，并按照相关规定设立党组织。在运行机制上，量子院积极在人才双聘、存量资源整合、知识产权共享等方面进行体制机制创新，以更好地保障量子院的建设和发展。北京量子信息科学研究院组织架构如图 6-1 所示。

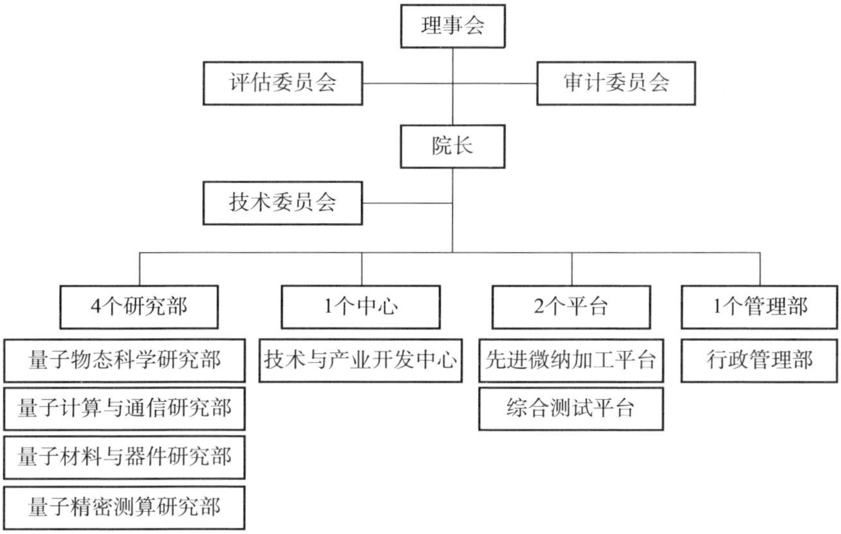

图 6-1　北京量子信息科学研究院组织架构

资料来源：北京量子信息科学研究院官网。

对于部分民办非企业单位来说，在理事会之上还可以设置指导协调小组。以上海产业技术研究院为例，上海产业技术研究院成立于 2012 年 8 月 22 日，其使命是“为共性技术研发、成果转化和产业引领提供统筹、支撑、服务的平台”，即着力于应用转化形成生产技术，作为组织者和行动载体推动共性技术的研发、推动科技成果的转化、推动商业模式的创新，但并不直接开展产业化和商品化活动。上海产业技术研究院实行理事会领导下的院长负责制。理事会为领导机构，由市领导担任理事长，政产学研等各方代表担任理事。在理事会之上，还有一个指导协调小组，由市政府各部门代表组成。上海产业技术研究院组织架构如图 6-2 所示。

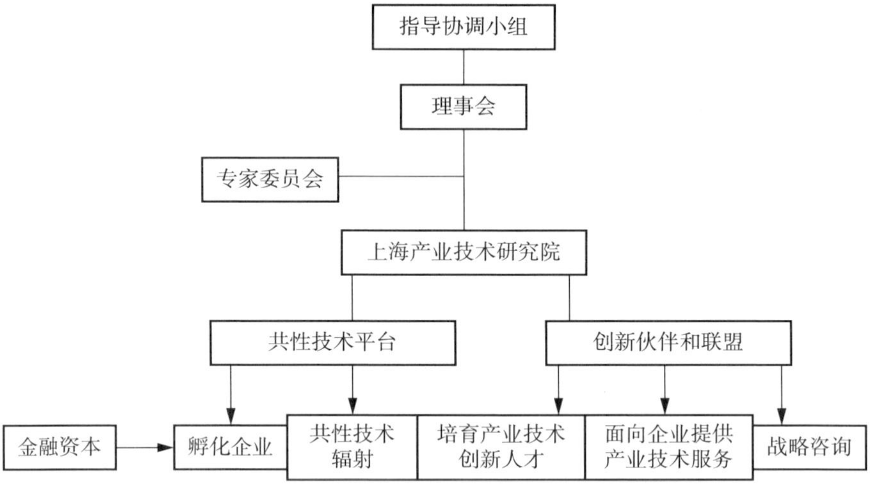

图 6-2　上海产业技术研究院组织架构

资料来源：上海产业技术研究院官网。

6.3.2　拥有更大的人财物自主权

类似于新型科研机构的非政府组织（NGO），其特点在于坚持公益非营利属性，实行企业化运营管理。国内并未有相关立法保障非政府组织的相应权利，因此这类机构无法行使自主权。法人自主权是建立法人治理结构的关键和核心，只有充分落实法人自主权，法人治理结构才能顺利运行。中共中央办公厅、国务院办公厅印发《关于深化项目评审、人才评价、机构评估改革的意见》，指出要完善科研机构评估制度，落实法人自主权，建立中长期绩效评价制度。新型科研机构法人自主权要做到“五落实、两明确”，包括落实单位管理事务决策自主权、人事管理自主权、收入分配自主权、科研经费管理自主权、成果转化收益分配自主权；明确重大管理决策事项的基本规则、决策程序、监督机制、责任机制，明确单位党委（党组）把方向、管大局、保落实的重要作用。同时，要健全法人治理结构的监管体系；强化监事会职能，依规建立单位决策失误追究、审计、年度报告和信息公开等制度，加强对新型科研机构的监管；强化绩效考核，加强对新型科研机构人才队伍、平台建设、成果转化和法人治理结构作用发挥等方面的考核。

随着机构发展和市场化推动，新型科研机构势必要采取市场化的用人机制和薪酬制度，用市场化机制推进人力资源体系建设；全员协议工资年薪制，指供有竞争力的薪酬待遇，淡化编制管理，严格绩效考核，确保人员高流动率；末位淘汰、合同制、匿薪制、拥有充分的用人自主权都将是新型科研机构的特色。科技部印发的《关于促进新型研发机构发展的指导意见》，要求新型研发机构应采用市场化用人机制、薪酬制度，对标市场化薪酬合理确定职工工资水平，建立与创新能力和创新绩效相匹配的收入分配机制。新型科研机构可采用市场化用人机制、薪酬制度，充分发挥市场机制在配置创新资源中的决定性作用；自主面向社会公开招聘研发及服务人员，对标市场化薪酬合理确定职工工资水平，建立与创新能力和创新绩效相匹配的收入分配机制；以项目合作等方式在新型研发机构兼职开展技术研发和服务的高校、科研机构人员按照双方签订的合同进行管理。

新型科研机构经费来源包括专项经费、启动建设经费、申报政府项目经费、科技开发收入、技术服务收入和科研成果转化收益等。从部分新型科研机构经费管理的实践经验看，自主的经费管理权和完善的财务管理制度至关重要。部分新型科研机构根据国家、省、市发布的科研经费管理政策规定，实时更新完善与科研项目和资金管理相关的科研经费管理办法，建立单位财务管理制度及实施细则，构建一套完整的业务流程，严格执行科研经费支出范围及标准。科研经费到账后单独设账、独立核算，强化项目执行期的审核监督，注重项目结题后的经费控制。2019 年广州市出台了《广州市合作共建新型研发机构经费使用“负面清单”（2019 年版）》，这种管理方式既能明确财政经费使用的底线，又能赋予新型科研机构支配经费的充分自由。

美国总统科技顾问委员会建议，未来产业研究所可以有限责任公司（LLC）为运营框架组建，这和美国国家实验室现行的公办民营（GOCO）模式较为相似。每个未来产业研究所由独立的理事会管理，理事会由研究所内部成员和外部专家共同组成，相关代表将根据机构的重点研究领域和资源配置确定。根据研究方向和重点领域，研究所下设独立的研究部门，并赋予各研究部门主管充分的自主权。

我国2021年8月发布的《国务院办公厅关于改革完善中央财政科研经费管理的若干意见》从7个方面提出了25条举措，赋予科研人员更大的经费管理自主权，进一步调动广大科研人员的积极性。尤其是新型科研机构实行“预算+负面清单”管理模式，将更好地激发科研人员的创新活力。

6.4 打造多位一体的科教融合机构

麻省理工学院以学术引领为主流价值，而国内工研院是以研究为中心，逐步向工程扩展。想做出世界一流的研究成果，必须要有一流的人才支撑。传统科研机构在一定程度上专注于学术研究和教学，而新型科研机构的功能将更加多元化和集成化，将是集成科研、成果转化、产业孵化、教育等功能的微创新生态模式。新型科研机构不仅能够通过政产学研融合推动科技成果转化，还能通过科教融合产生新的教育模式协同育人。

6.4.1 推动政产学研融合转化成果

党的十八大以来，创新驱动发展战略的实施和科技体制改革力度的加大，都使得科技成果转化越发成熟。党的十九大报告提出要促进高校、科研院所、企业的深度融合，从“紧密结合”到“深度融合”，说明了高校、科研院所、企业在紧密结合方面虽取得了很多成果，仍需要进一步融合发展。促进产学研深度融合要聚焦产业上下游的企业、高校、科研院所的能力，通过共商共建共享的办法，群策群力。行之有效的产学研深度融合新机制是推进高校科研成果转化的基础，由高校牵头的新型科研机构在推进高校科研成果转化中将起到重要作用。

科技部强化以企业为主体、市场为导向、产学研深度融合的技术创新体系建设，会同有关部门不断强化科技计划管理顶层设计，统筹科技资源，支持有能力的企业承担国家科技项目，组建国家重点实验室、国家技术创新中心等高水平科技创新平台，构建以企业为主体、产学研协同的创新体系，引领带动行业技术进步。企业联合高校、科研机构成立新型科研机构，对推动政产学研融合协同创新具有重要意义。

在新型科研机构政产学研合作过程中，高校科研机构是知识提供方，是开展基础研究和应用基础研究的主体。高校能为合作方提供原创性知识成果，也可以为合作方提供人才培育和支持。高校科研机构是应用研究的创新主体，拥有丰富的技术成果，能为新型科研机构引进高端创新资源提供支撑。地方政府作为重要参与者，通过制定政策、行政监督、培育市场等方式为新型科研机构营造良好的外部环境，也可通过项目扶持、研发补贴等行为，推动基础研究与高新技术研究高质量发展。企业作为技术创新成果的应用方，是技术创新主体，也是物质产品的最终提供者。

新型科研机构政产学研合作模式包括技术入股、联合共建、项目孵化等。技术入股模式是指高校科研院所以契约方式将自有专利技术、技术秘密、授权许可等无形资产进行转让，新型科研机构根据知识产权的价值给予高校科研院所一定股权。联合共建模式是指地方政府引进高端创新资源，各方以初始投资形式创办新型科研机构，推动机构开展技术开发或技术经营。项目孵化模式是指在产学研合作中，高校科研院所将知识产权授权给新型科研机构，新型科研机构以项目孵化或外部合作方式推进成果产业化。

以北京石墨烯研究院为例，该研究院成立于2018年，是专注于石墨烯产业核心技术研发、企业“研发代工”服务和科技成果孵化转化的新型科研机构。北京石墨烯研究院在体制机制创新方面提出了“研发代工”概念，这是一个全新的产学研结合模式，其针对企业的特定需求，组建由高水平专业人员构成的专门研发团队，做定制化的研发，形成从基础研究到产业化落地的捆绑式一体化合作模式。在这个模式下，研究人员有了清晰明确的技术需求牵引和市场目标，避免了当前高校和科研院所的研究人员“闭门造车”、研究成果不接地气因而很难落地的现实问题。对于代工企业而言，从此就有了真正的研发团队和研发力量，确保企业自身的核心竞争力和可持续发展能力。这种产学研协同创新模式还有助于改变以盲目追求发表论文为导向的当前科技评价体制，引导广大科研人员从事真正有价值的研究，让国家不断增长的科技研发投入能够真正开花结果。

6.4.2 构建科教融合的ETS和STE模式

我国大多数地区常见的科技创新发展路径是ETS模式，即E（工程）-T（技术）-S（科学），深圳一直遵循的就是这种模式。知识经济时代已经到来，高水平大学和科研机构建设将决定知识经济时代城市的国际地位。人才队伍是区域创新的原动力，当前人口红利已经消失，中高端科研人员迅速增加，为创新驱动发展提供了保障，“工程师红利”已经出现。核心领域“卡脖子”现象严重，底层出现和源头创新的缺口不断加大。创新链各环节均不可忽视，我国已经开始进入实验室经济下的“知识经济”市场，新型科研机构将发挥重要作用。“科学家红利”时代即将到来，新型科研机构在培养创新人才、培养科学家方面将做出重大贡献。相关研究指出，近年来我国科技人才对区域经济增长的贡献程度不断提高，但总体较为有限，且增速明显低于科技人才规模扩充速度，中国科技人才巨大的红利潜能亟待释放。①

建设高水平的研究型大学和科研机构是新产业发展的核心和关键，科教融合是科创人才供给的有力途径，是科研设备等科研资源共建共享的有力途径。以硅谷为例，国外很多区域发展是通过科学研究引领社会需求的，科技创新路径为：S（科学）-T（技术）-E（工程）模式，即从基础研究到技术发展，最后实现成果转化，这也是我国新型科研机构未来的发展模式之一。

专栏6-5 深圳未来创新模式：STETS模式

2021年初，《深圳市关于进一步促进科技成果产业化的若干措施》（以下简称《若干措施》）正式发布。深圳市科技创新委员会主任梁永生接受专访时指出，《若干措施》提出了一种新的创新模式——STE，就是科学（Science）→技术（Technology）→工程

① 马茹，王宏伟．科技人才红利与中国区域经济增长［J］．广东社会科学，2019（2）：40-48.

(Engineering)。这是一个“从0到1”、用创新引领发展的创新模式。他指出，深圳未来理想的创新模式，是STE与ETS循环往复、双向促进、螺旋上升。STE模式加上原有的深圳的ETS创新模式，即工程→技术→科学，正好是一个完美的闭环式螺旋式上升的一个态势。

很多传统科研机构专注于学术研究，新时代的新型科研机构功能更加多元化和集成化，更需要“科学、教育、产业、资本”四位一体，承担科教融合协同育人的重任。新型科研机构会聚了具有产业背景、海外背景的高层次人才，优化了创新创业教育队伍结构，形成了全链条创新创业教育师资队伍，能够提升教育教学水平，提高人才培养质量。新型科研机构将具有科研和教育多重身份。在科研方面，新型科研机构可以通过共建联合实验室、共同承担国家以及地方各级政府国际合作项目、引进创新创业人才及团队、鼓励学科交叉、集成创新等方式，加强在重点研究领域与国内外优秀科研团队的科研合作，提高科研实力。在教育方面，新型科研机构可以吸引企业合作建立“博士后产学研培养基地”，联合招收和培养博士后；与高校合作办学，共建研究生培养基地、工程实践教育基地；在发展基础上成立高水平研究型大学等。

以中国科学院深圳先进技术研究院为例，深圳先进院经过多年建设，构建了“科学、教育、产业、资本”四位一体的“微创新体系”，已具备了比肩部分双一流高校的科教基础，以及较强的研究生培养能力。与此同时，深圳市依托深圳先进院全力筹建中国科学院深圳理工大学，目标是建成世界一流、“高精尖”的研究型大学，着力打造科教融合、产教融合、粤港澳合作及国际化学、体制机制创新等特色，探索建立学院、研究院、书院“三院一体”的人才培养模式，培养国际化、创新型、复合型领军人才。深圳先进院多年来在人才培养和学科建设方面积累的经验将为中科院深圳理工大学的建设奠定坚实基础，也为其他高校主导的新型科研机构指明了发展方向。

6.5　建设具有全球竞争力的国际化机构

在国际竞争较为激烈的关键性领域，国际人才队伍和国际竞争力显得尤为重要。新型科研机构通过构建国际化人才队伍，提高了国际竞争力，能够有效推动“科学”向“技术”转化。尤其是当前备受关注的“卡脖子”领域，更需要技术全球化的支持。

6.5.1　构建国际化人才队伍

从全球一流科研机构的国际化发展历程看，国际化杰出科技人才是这些机构能够引领学科发展、实现科研成果产出和支撑国家使命的关键要素。如巴斯德研究所围绕全球布局巴斯德国际研究网络，足迹已经遍布26个国家。2004年，巴斯德研究所和中科院在上海合作建立了上海巴斯德研究所，目前已经取得了显著的科研成果，并于2020年9月获得“上海市抗击新冠肺炎疫情先进集体”称号。高水平研究人员是国家重要的战略科技力量。

在全球科研人才里，中国学者所占比例相对较低，绝大部分科研人才仍是外国学者。国内各地，尤其是一线城市，早已积极引进国外专家和科技人才，但实施过程困难重重，主要原因是缺少相关政策和实施细则保障外国专家在国内的相关权益，如养老保险、医疗保险等。

党的十九届五中全会强调，实行更加开放的人才政策，构筑集聚国内外优秀人才的科研创新高地。海外高层次人才是衡量科研院所核心竞争力的重要指标之一。随着我国国际影响力的不断提升，一系列强有力的人才引进政策相继出台，高学历、高层次海归人才呈现加速回流态势。顶尖人才，特别是领衔科学家及其团队是新型科研机构获得成果的关键因素。目前国内发展较好的新型科研机构具有一个鲜明的特点，就是人才队伍国际化。各科研机构向全球开放，人才选拔采用公开、竞争机制，在全球范围公开招聘高水平人才，以创新能力为标准，选拔真正站在国际学科前沿的领军人才。如华大基因研究院在中国大陆、中国港澳台、亚太、美洲、欧洲、日本等全球六大片区设立了研究机构，吸纳国际顶尖人才。

深圳光启高等理工研究院的创业者是 5 位平均年龄不到 30 岁的海归博士。中国科学院深圳先进技术研究院采用全球招聘策略，广泛招贤纳才，构建起了领军人才、学科带头人、青年骨干三层结构的人才梯队。前沿技术领域的国际顶尖人才，成了各新型科研机构提升自主创新能力、加快产业结构转型升级的重要动力。截至 2018 年 11 月，南京已累计组建 182 家新型科研机构，其中 1/3 有国际化团队参与，包括诺奖得主、图灵奖获得者等顶级专家，以及一批世界知名的高校院所，为南京科技创新能力的提升做出了重要贡献。

香港高校和科研机构集聚了一大批国际顶尖的科技人才和学生，深圳先进院积极与香港高校、机构探索人才培养的合作模式，推进深港研究生教育联合培养项目。深圳先进院自建院之初就依托引入的多位国际知名香港教授，成立了多个研究中心，与多所港校组建联合实验室，为与香港地区的科技合作搭建了良好平台。深圳先进院基于对港的合作基础，创新工作思路和工作方式，搭建对港合作平台，值得新型科研机构借鉴。

新型科研机构还可以积极引进国外先进团队落地，将国外的先进技术和理念带进来，在科研成果转化上激发出强劲实力，特别是在电子信息、半导体、新材料等国际竞争较为激烈的关键性领域，结合双方优势实现科研成果转化。如位于苏州的牛津大学高等研究院，是牛津大学 800 多年来在海外设立的第一个实体法人的多学科研究、创新、技术中心。在第一阶段，12 位牛津大学学者被选为学术带头人，负责建立研究项目组，并每年在苏州待上两个月时间。中国科学院上海巴斯德研究所是根据中国科学院、上海市和法国巴斯德研究所 2004 年 8 月 30 日签署的合作总协议建立的研究机构，在传染病诊断、预防和治疗方面取得了重大成就。江苏省产业技术研究院以设立支持合作研发的专项资金池为主要手段，与海外 56 家和国内 52 家知名高校及研发机构建立了战略合作关系，建立了以 4 个离岸孵化器为重点的 8 个海外合作平台，自 2016 年以来从海内外以项目经理制引进团队与地方园区共同支持新建研究所 33 家。

6.5.2 探索全球化发展模式

2019 年科睿唯安公司发布的《2018 年全球创新百强机构报告》显示，全球创新百强上榜机构绝大部分是企业，但也有少数公共研发机构上榜，法国和德国均有科研机构上榜，我国没有一家科研机构上榜，我国应用型科研机构的国际竞争力相对较弱。作为国家战略科技力量的新型科研机构，必将逐步提高自身国际竞争力，深入实施国际化战略。

开放式创新是新型科研机构共有的特点，新型科研机构通过开放合作集聚利用国内外优质创新资源，构建良好的产学研用技术创新生态系统。在关键技术突破等领域，新型科研机构的发展必然是以具有国际竞争力为目标，通过国际化进程推动我国新型科研机构积极参与国际标准建立，成为国际科学研究、国际产业技术研发、国际标准制定等国际组织的重要成员，通过标准制定打开国际市场，在国际市场中占据更加有利的位置，立足国际化助力开放创新。在行业创新领先区域，新型科研机构依托国内龙头企业建立海外研发中心，借助国际合作伙伴在当地建立跨境孵化、跨境技术转移通道。

2019 年，北京市政府印发了《北京市支持建设世界一流新型研发机构实施办法（试行）》，突出与国际接轨的体制机制创新，创新财政科技经费支持方式，根据新型研发机构类型和实际需求给予支持，推动建设世界一流新型研发机构。沈阳市曾出台《关于支持新型研发机构和国际研发机构发展的暂行办法》，鼓励引进国外知名企业、研发机构来沈阳建设研发分支机构或迁入研发总部构建研发机构；鼓励沈阳高校、科研院所和企业引进国际知名研发机构联合共建研发机构；鼓励沈阳企业在境外设立研发机构。

深圳光启高等理工研究院分别与加拿大、新加坡、以色列等多个国家的大学与研究机构签署了合作协议，成为国际科研活动的领先者。浙江大学杭州国际中心依托浙江大学形成了覆盖五大洲近 200 所高校的全球合作网络，积极开展国际交流与合作。目前我国已经与哈佛大学、耶鲁大学、牛津大学、剑桥大学等世界顶尖大学在相关重点领域开展实质性合作，与巴黎综合理工学院、加拿大多伦多大学等知名高校开展人才联合培养，与世界经济论坛、国际电信联盟、环太平洋大学联盟等国际组织开展机制性合作，基本形成了以顶尖大学合作为“峰”，以欧美国家、亚太国家、“一带一路”沿线国家、“金砖国家”和国际组织合作交流为“脉”的多维度国际合作网络体系。

第 7 章

促进新型科研机构发展的对策建议

· 针对新型科研机构发展面临的挑战和问题，建议完善新型科研机构的界定和管理，优化新型科研机构治理和管理机制，强化新型科研机构创新能力，创新新型科研机构体制机制。

· 探索设立非营利科研机构法人单位。加强顶层统筹和协调，协调各创新主体之间、各区域之间的资源配置。建立多部门联动的扶持机制，加大对新型科研机构的扶持力度。

· 结合当前事业单位改革，探索现代化管理制度，逐步推动“去行政化”，实行管投分离，建立以科研人员为核心的组织结构和管理模式。

· 根据国家战略、市场需求和科技趋势对新型科研机构进行学科布局，加强与市场需求紧密联系的应用型研究。打造跨学科、跨领域、产学研用协同的高效科技攻关体系，强化基础研究能力，不断提升新型科研机构的创新能力。

· 建立适合新型科研机构特点的评价和考核体系，拓宽新型科研机构的资金筹措渠道，积极发展产科教融合模式。

7.1 完善新型科研机构的界定与管理

我国应借鉴国际先进经验，探索新型科研机构设立非营利科研机构独立法人身份，更好地促进新型科研机构的发展；加强顶层统筹和协调，协调各主体与区域间资源配置，整合产学研等多方优势；建立多部门联动的扶持机制，加大对新型科研机构的扶持力度。

7.1.1 探索新型科研机构独立法人身份

政府部门要加强对新型科研机构发展的关注，建立健全相关政策法规体系，明确新型科研机构在创新体系中的身份和地位。相比国际经验，我国还缺少非营利科研机构这类独立法人机构，这类机构需要具备以下条件：不隶属任何政府部门，但是受到政府的监管，在一定程度上保持研究机构科研创新的自由性；基于非营利的机构性质，让机构为行业公共核心关键领域开展研发活动，促进产业的整体提升；能够建立政府扶持资金、社会捐赠、基金会等多元化筹集资金渠道，提升机构的持续发展能力。未来我国可以将非营利科研机构作为科研机构改革的一项重要内容，借助科研事业单位分类改革的契机，率先在一些产业需求导向型、具有一定面向市场能力、具备共性技术研发能力的机构进行改革试点，赋予其非营利机构的性质，完善相应的法律、税收、管理制度、扶持政策等规定和标准，重点通过以政府项目和市场竞争相结合的方式支持其发展。

专栏 7-1　国际先进新型科研机构经验借鉴

弗劳恩霍夫协会虽然是在政府支持下建立的，但它是以协会身份注册的独立社团法人，是民办、公助的非营利科研机构。所谓“民办”，是指其不隶属任何一个政府部门；所谓“公助”，是指政府部门提供其基本的运行经费，以及协会下属的各个研究所通过竞争取得政府的科研项目；所谓“非营利”，是指该协会不以营利为目的，但可以进行有收入的、与科研工作有关的活动，取得的收入不得用于出资人和机构人员的分配，而是用于事业的再发展。按照德国的相关法律，该协会作为非营利机构享有税收优惠。

巴特尔纪念研究所作为一种特殊的非营利科研机构，在研发方面发挥着独特优势。作为非营利的科研机构，巴特尔纪念研究所保持着独立、自主运行，享有免税资格，但要接受美国政府的监督。首先，独立研究机构与政府没有直接的从属关系，政府干预影响较小，研发机构有较高的自主性，对市场需求更为敏感，能更灵活地转变模式，从而促进科技成果的商业化生产。其次，非营利机构不以市场化营利为目的，研究所将其收益的一部分投入研发活动，一部分捐助公益教育事业。这样既保持了追求利益的积极性，又形成了“研发→收益→研发”的有序循环，间接培养了大批的科研人员，满足了机构对人才的需求。最后，通过公益事业，开拓了新的合作渠道，保持与其他机构的紧密联系，树立了良好的社会形象，提高了研究所的竞争力。

7.1.2　加强对新型科研机构的统筹管理

政府部门要加强顶层统筹和规划，引导新型科研机构有序发展。政府部门要协调区域间资源配置，整合产学研等多方优势，促进新型科研机构的有序发展。新型科研机构建立的目的之一是克服科技、产业“两张皮”的问题，促进科技创新和经济发展，其发展涉及了政府、科研机构、高等院校、创新企业等多个主体，需要知识、技术、人才、资金、土地、政策等多个创新要素，是庞大的系统工程。目前各地都开始积极建设新型科研机构，导致许多新型科研机构存在同质竞争问题，在区域内以及区域之间争夺创新要素。在体制机制创新不足的条件下，新型科研机构对我国整体科技创新能力的促进效果并不明显。因此，需要政府加强区域间、机构间的错位协同创新，突出特色的新型科研机构建设，引导新型科研机构有序发展。

各地政府要根据新型科研机构的新模式和新机制，围绕创新链的不同环节，根据民办非企业单位、企业科研机构、产学研联盟、事业单位等不同类型，实行差异化的认定标准和服务管理。政府要支持新型科研机构享受与传统科研机构同等的政策优惠，发挥这类机构在引领行业和产业技术创新方面的重要作用，加大其创新溢出效益，特别针对战略性新兴产业和高技术产业的新型科研机构要尽快加强认定力度和覆盖面，为国家和地区加快经济发展方式转变、促进产业转型升级发挥重要力量。

7.1.3　加大对新型科研机构的扶持力度

积极培育新型科研机构。得益于广东、江苏、浙江等地政府对于新型研发机构发展的大力支持，这些地区的新型科研机构发展态势明显优于其他地区。因此建议国家及地方积极培育新型科研机构，填补技术创新“死亡之谷”，出台及完善各种扶持制度，为新型科研机构的创新发展提供外部制度驱动力。一方面，政府给予持续的经费投入，推进原创性和颠覆性技术研发，推动高校等基础研究力量投入新型研发机构；另一方面，充分发挥市场引领作用，鼓励社会积极参与新型研发机构建设，由市场需求驱动技术创新。

全方位、多种扶持方式并进，加强监督和考核。对新型科研机构在建设、运营、科研设备后补贴、成果转化、考核奖励、创新创业、税收金融及人才引进等方面进行全方位扶持。创新新型科研机构扶持方式，积极探索包括优先安排和审批建设用地、直接财政资金支持、科研设备后补贴、成果转化奖励、考核奖励、项目支持等多样化的扶持方式。在财政资金使用的整个过程中，明确财政资金的使用范围，加强对资金使用的监督，以保证财政资金运用的效率和效果。

建立多部门联动的扶持机制。由于对新型科研机构的扶持不仅涉及科技行政管理部门，还涉及财政、土地、税收、金融等部门，因此，很有必要建立多部门联动机制，完善新型科研机构税收减免优惠政策，完善收益分配制度，在科技项目设置、人才引进、大型仪器设备的建设和使用等方面给予适当倾斜。

7.2 优化新型科研机构治理和管理机制

在我国，大部分新型科研机构还存在着行政化管理的色彩，新型科研机构可以结合当前事业单位改革工作，探索现代化管理制度，逐步推动“去行政化”，实行管投分离，独立运作，建立以科研人员为核心的组织结构和管理模式。

7.2.1 加快推广深圳先进院理事会管理制度

在我国，大部分新型科研机构还存在着行政化管理的色彩，各行政层级之间的关系也没有理顺，导致科研机构研发自主性、灵活性不足，科研人员从事科技产业创新活动的积极性不高。因此，新型科研机构可以借鉴深圳先进院的经验，结合当前事业单位改革，区别不同类型科研机构，探索建立理事会管理制度，完善科研院所所长负责制，建立健全新型科研机构的法人治理结构。

新型科研机构应加快建立及完善以创新为核心的组织管理模式，无论是通过何种渠道成立的新型科研机构，必须实行管投分离，独立运作，建立以科研人员为核心的组织结构和管理模式；全面实行聘用制和岗位管理，实行固定人员与流动人员相结合的用人制度；健全科研管理制度，对研究开发和技术服务实施全过程管理，研究单元在目标和使命定位的指导下，自主开展科研活动，采取更加灵活的人事制度、经费管理制度；建立科研机构仪器设备共享管理制度和规范，建立科研成果扩散和转移机制。

专栏 7-2　国际新型科研机构运营管理制度借鉴

巴特尔纪念研究所与美国政府、下属机构和托管的国家实验室之间建立了相对明晰的管理制度。美国政府主要负责对巴特尔纪念研究所进行监督。在委托管理国家实验室方面，美国政府作为委托方重在前端的规划和目标合同的制定，以及后端的评估问责。前端将国家的战略需求转化为国家实验室的发展战略和方向，根据任务和目标给予经费支持，通过委托合同的方式将要实现的目标清晰化；后端通过评估对实验室管理和运行以及科研绩效进行问责。巴特尔纪念研究所自身具有很高的自主权，自由开展研究工作；对下属机构实行目标管理，保障组织目标的实现。在托管国家实验室方面，巴特尔纪念研究所以组建或与其他单位共建公司作为受托人，通过董事会承担信托责任和保障责任，根据委托合同的要求负责国家实验室的管理和运行，监督实验室的绩效。国家实验室管理团队负责实验室的规划、执行、评估、改进的全过程绩效管理。

弗劳恩霍夫协会无论从管理体制还是从运行机制上看，均体现出了浓郁的企业化色彩。弗劳恩霍夫协会的管理架构很好地借鉴了现代公司的组织模式：会员大会作为协会的最高权力机关，相当于公司的股东大会；理事会是协会的最高决策机构，相当于公司的董事会；执行委员会负责协会的日常管理工作，相当于公司的经理层；学术委员会作为协会的最高咨询机构，相当于现代公司的监事会；高层管理者会议相当于扩大了的经营班子会议。在运行机制上，弗劳恩霍夫协会形成了包括“合同科研”的合作机制、“民办公助”的多元化科研投入机制、开放完善的专利保护使用机制等在内的弗劳恩霍夫模式，蕴含着现代企业的运作理念。其中，“合同科研”的合作方式最具特色，成效也最为明显。

7.2.2 厘清政产学研的边界

新型科研机构在发展过程中，要着重处理好机构与政府、市场、大学之间的关系。深圳先进院的经验说明，科教协同是新型科研机构的核心，一方面科研强调产业牵引、学术引领、交叉融合、集成创新；另一方面科研离不开学生，教育要坚持需求导向，要探索依托高水平科研机构建设研究型大学的新思路。政府要注意战略管理和方向把控，要依法进行管理，注重培养科研机构的独立自主性。各级政府对国家经济社会的需求和重点发展方向有很好的把握，但是对于科研活动、科技产业发展趋势、机构微观管理等很难精准掌控，因此其应重点关注前端的宏观指导和后端的绩效问责。深圳政府通过理事会管理制度，重点指导深圳先进院制定长期的战略规划，将国家战略需求落实到机构的发展目标中，制定明确的考核指标和标准，事后根据目标和标准，对科研机构进行绩效考核和问责。关于新型科研机构与市场的关系，新型科研机构应聚焦在新技术萌芽期的辅导、孵化和前期投资，在企业能够独立竞争后应该退出。关于新型科研机构与大学的关系，大学以基础能力培养为主，培养全面发展的人才，开展通识认知教育；新型科研机构要以研究项目为主，培养经过实战锻炼的人才，要突出专业性和针对性。新型科研机构产学研边界如图 7-1 所示。

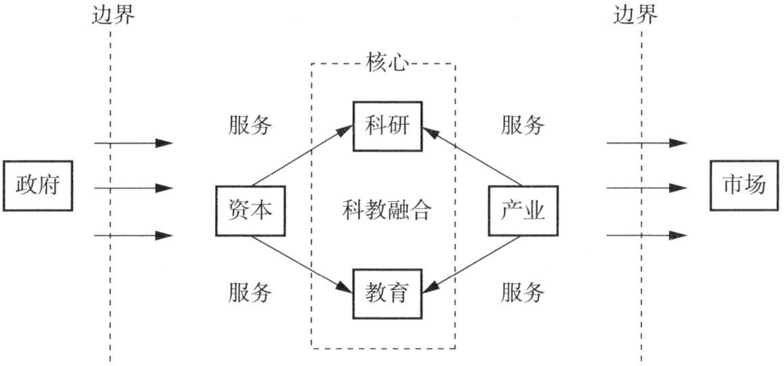

图 7-1　新型科研机构产学研边界

7.3　强化新型科研机构创新能力

我国新型科研机构一直没有找到很好的促进科技与经济结合的方式。新型科研机构应将国家需求、市场需求和科技前沿进行系统分析和系统布局，特别是在应用型研究中，要与市场需求紧密联系。新型科研机构要发挥自身的特点，加强各种创新主体的协同创新，打造跨学科、跨领域、产学研用协同的高效科技攻关体系，强化基础研究能力，不断提升创新能力。

7.3.1　服务地方经济社会发展

政府部门应依托新型科研机构，全方位推进重大科技基础设施建设，发挥新型科研机构的科研优势，加强专家学者在重大科技基础设施战略规划、重要政策以及重大问题研究上的咨询作用，理顺重大科技基础设施监督管理机制，加快组建重大设施管理机构，发挥行业主管部门作用，定期评审项目技术指标、成本、进度和管理绩效状况，提升重大科技基础设施建设运行效率和管理水平。如深圳先进院牵头建设了脑解析与脑模拟、合成生物研究两大市级重大科技基础设施，这两个科技基础设施未来将成为深圳综合性国家科学中心的核心承载区光明科学城的重要组成部分。深圳先进院将依托重大科技基础设施开展关键核心技术攻关，开拓新路径，破解创新发展难题，助推重大科学装置“沿途下蛋”。

打造精准响应“市场出题”的研究能力。新型科研机构可借鉴深圳先进院经验，强化科技产业的牵引能力，围绕产业链探索建立研究所/学科动态调整机制，优化研究所/学科布局，实施“强链补链计划”，促进跨学科、跨专业研发合作，增强新型科研机构服务经济社会发展能力。国家在重视高校院所科研成果的同时，应着力增强企业在科技创新、成果转化中的主体地位，强化技术创新、成果转化的市场需求导向作用。特别是在当前部分新型科研机构仍然以政府投入为主导的建设初期，政府相关部门要进一步转变理政理念，增强科技管理、科技指导的施政职能，为新型科研机构制定战略、政策和提供服务，逐渐由政府主体投入转向社会主体投入，激发新型科研机构紧跟产业需求，提升科技成果转化的内在能力和自我造血能力，真正发挥市场、产业对技术研发转化方向和科技创新资源优化的导向作用。

政府相关部门要鼓励新型科研机构牵头成立产学研创新联盟，如深圳先进院成立了深圳机器人协会，通过主动对接企业，共同探讨和挖掘企业创新需求，还可以合作创建研究院和研发中心。政府相关部门要建立战略咨询工作机制，依托新型科研机构和领军企业，研判产业发展趋势，对研究项目提出咨询意见，指导科技产业创新研究方向；探索自下而上的国家实验室创建模式，支持新型科研机构、行业领军企业、高等院校共同谋划建立国家实验室；支持新型科研机构建设专业化众创空间和孵化器，组建孵化基金、天使基金等创业投资基金，打造“教育+科研+产业+资本”的创新生态体系。

7.3.2　提升前沿科技研究能力

新型科研机构要把握科技创新融合发展态势，着力构建相互渗透、交叉融合的科研体系。新型科研机构要加快推进交叉学科建设，推动新兴学科与传统学科融合发展；突破传统经典学科界限，释放科学探索创新活力，进一步强化交叉学院建设与交叉学科布局。政府相关部门要鼓励新型科研机构部署前沿科学探索和跨学科研究工作，建设常态化跨学科研究管理机制，加快催生新理论、新学科和新技术；支持新型科研机构聚焦新兴交叉领域开发先导性技术，抢占未来产业发展先机。

政府相关部门要加快人工智能、5G、区块链、云计算、物联网等通用技术的深化融合。针对“卡脖子”问题，新型科研机构要开展重大装备和关键零部件攻关，推动操作系统软件、专业工具软件、业务平台软件、应用类软件国产化；积极开发企业和科研院所科研活动急需标准，构建前沿数字技术标准体系；促进先导性、颠覆性技术迭代发展，抢占前沿技术产业化先机。政府相关部门要通过布局一批多主体协同的新型科研机构，打造跨学科、跨领域、产学研用协同的高效科技攻关体系，营造创新主体高效协作、创新资源有序流动、创新活力竞相迸发的创新生态。

加强新型科研机构基础研究能力。如深圳先进院着力建设深圳理工大学，积极弥补基础研究短板，并通过吸引全球优质教育资源，开展高水平中外合作办学。政府相关部门要加强学科专业建设统筹，实施学科专业强链补链计划，围绕产业链、创新链，及时调整更新学科专业，优化传统优势学科专业，加快建设紧缺学科专业；大力培育新兴学科、交叉学科，推动一批学科进入世界一流行列；围绕国际重大科学发展前沿和国家重大需求，鼓励并支持新型科研机构承担国家重大科技基础设施项目，将重大科技基础设施建设运营与科研项目、教学活动紧密结合。

7.3.3　加强产学研和国际合作

建立科学、开放、高效和灵活的创新系统。新型科研机构是政府、高校或院所、产业或企业等多方参与、协同共建的法人实体，其目的之一是推动科技创新和经济发展。无论是参与主体的合作还是战略目标的实现，都涉及知识、科技、资金等众多因素，是庞大的系统工程的一部分。新型科研机构要通过整合多方资源，充分发挥各方优势，形成融合政产学研的创新平台和组织方式，从而实现更大规模、更大程度的创新效应。新型科研机构要积极探索科技管理体制机制改革，以项目为核心建立灵活的管理机制，根据所开展项目的不同性质实施不同的管理办法，因地制宜，打破僵化管理模式，提高项目开展效率。

新型科研机构要加强国际化的科研项目合作，参与或牵头组织国际和区域性重大科学计划和科学工程。一方面通过开展国际合作促进新型科研机构的科学知识和工程水平提升，为机构未来发展挖掘新机遇和新市场；另一方面通过国际科研合作，提高员工科研能力，优化机构的运营和管理，倒逼机构服务水平的提升。新型科研机构通过参与基于全新的市场背景和不同的顾客需求下的广泛国际合作，可持续地提高解决问题的能力，有助于提升企业提供服务的品质。

7.4 创新新型科研机构体制机制

政府相关部门要围绕新型科研机构的特点，建立一套新的评价和考核体系，加强对其服务经济社会发展作用进行考核；要借鉴国际经验，拓宽新型科研机构的资金筹措渠道，建立可持续的发展模式；支持新型科研机构探索灵活的引才、育才机制，推动产科教融合模式。

7.4.1 创新新型科研机构评价体系

新型科研机构在功能定位、运行机制、人才引进和培养、成果转化等方面与传统科研机构存在较大差异，因此相关部门需要按照系统性、科学性、导向性和可操作性原则，结合新型科研机构的功能定位，从科技创新能力、机构现代化管理水平、人才引进和培养机制、运作模式、交流与合作、创新文化建设等方面建立适合新型科研机构的评价和考核体系。

相关部门要积极开展新型科研机构摸底和建设运行情况评估，并建立长效工作机制，评估意见将作为支持新型科研机构发展的重要参考。对一些发展比较好的新型科研机构，各级舆论宣传部门和新闻媒体要加大宣传力度，积极树立先进典型，弘扬创新文化，激发全社会的创新激情。

优化新型科研机构考核体系。鉴于新型科研机构开放、竞争、协同的市场化运行机制，以及其链接科技与产业的功能，对新型科研机构的评价和考核体系要以市场化、解决产业发展核心关键技术成效为导向，重点评价其对科技创新成果的转化能力和解决对经济、社会发展和国家安全重大需求的贡献。

专栏 7-3　弗劳恩霍夫协会评价体系

弗劳恩霍夫协会注重对研究所进行宏观的综合评估，并且以5年为一个周期，评估委员会通常由学术界、产业界和政府部门的专家组成，主要的评估指标包括：既定战略规划的完成情况、重点课题的实施进度、科研人员的整体素质与结构、科研设施的装备水平与利用率、经费总额中“竞争性资金”的比例、“竞争性资金”中企业研发合同的比例、申请和取得专利的数量、客户的分布结构与服务满意度、技术成果转让的数量和收益、经费支出的范围和科研辅助系统的服务质量等。对具体技术开发项目的评估主要依靠是否获得企业的支持合同、形成专利、转让到衍生企业等途径来实现，并且最终体现到对研究所的综合评估当中。这既符合技术开发具有时间尺度的技术规律，也符合应用导向的产业规律。

7.4.2　完善新型科研机构激励机制

为了提高研发的成功率并将其快速地转换为创新成果，新型科研机构需要在内部建立和完善制度、市场、技术、人力和风险相互匹配的内部协调管理机制，使外部驱动、内部驱动与创新要素资源相协调，并将风险降低到可以接受的水平，从而提高创新的效率和效果，实现创新战略。新型科研机构要完善创新主体之间的风险分摊、利益分配和激励机制，允许科研收益及成果转化收益的一定比例（较高比例）归科研成果主要完成人及团队，以提高科研人员的积极性。如深圳先进院在人员评价过程中，建立了有利于产业化的评价体系，大幅度提高科技成果转化的评价权重，激发科研人员成果转化的积极性。

7.4.3　建立多元化的资金筹措渠道

相关部门应拓宽新型科研机构资金筹措渠道，改变传统依赖政府扶持资金的模式。政府资金主要用于保障机构基本运营和开展前沿领域的探索和研发。相关部门要鼓励新型科研机构加强与市场合作，开展市场需求导向的研发，为中小企业提供专业的创新研发服务，提升整个行业的创新能力。同时，要逐步改变政府项目经费补助、土地补贴等单一的扶持方式，通过税收、人才等多种政策立体扶持新型科研机构发展。目前深圳先进院的政府稳定资助只占全部资金收入的10%左右，绝大部分资金都需要通过市场化项目竞争获得，倒逼整个机构更加贴近市场，提高了机构的生存能力。

相关部门应畅通社会资本参与新型科研机构建设的渠道，鼓励企业和社会组织建设新型科研机构，通过接受社会捐赠、设立基金会等方式筹集经费；完善财团法人的相关规定，通过制定优惠政策、共建、联合资助、慈善捐赠等方式，引导企业和社会力量共同参与新型科研机构的建设。

专栏 7-4 美国大学基金会经验

完全依赖政府资金和学费的高校，往往缺乏有效的成本管理机制，容易导致层级过多、职责不明、效率低下，而通过与社会资本共同建立基金会，不仅能有效吸收大量社会捐赠，各捐赠主体和利益相关者还可以对基金会资金的使用起到监督管理的作用，也会对大学的发展提出建设性意见，对提高组织运作效率、实现大学治理结构优化起到积极作用。美国作为世界高等教育最为发达的国家，高校的基金会是大学最重要的资金来源之一，其对美国教育的发展起到了很大的推动作用。如耶鲁大学2020财年捐赠基金的资产规模达到312亿美元；哈佛大学被称为世界上最富有的大学，2020财年其捐赠基金的资产规模达到419亿美元。

7.4.4 发展产科教融合范式

我国要依托新型科研机构的建设，促进教育、科技、产业深度融通发展；促进高校、科研机构、科技企业、金融机构等密切协作、深度融合，推动创新链、产业链、资金链、服务链精准对接，形成产学研用深度融合的“基础研究+技术攻关+成果转化+科技金融”全过程创新生态链；建设产业需求导向的学科体系，推动学科专业建设与产业转型升级相适应，建立紧密对接产业链、创新链的学科专业体系；建立需求牵引、双向融合的育人体系，创新高等教育、职业教育、义务教育办学思路、办学方法，服务产业链、创新链，优化教育链、人才链，切实推动人才培养供给侧得到显著优化。如深圳先进院建设了市场导向、教育支撑的科研体系，围绕产业链，部署创新链，围绕创新链，部署人才链，构建极具国际竞争力、最具创新活力、特色突出、系统完善的“学科建设—装置布局—科学发现—技术发明—产业发展”创新链。

专栏 7-5　弗劳恩霍夫协会灵活的人才管理模式

对于一个科研组织来说，人才是第一位的。弗劳恩霍夫协会在研究人员的管理与使用上有着非常灵活的机制。协会研究人员队伍具有“多元化”和“年轻化”的特点。由于研究所设在大学内部，大学教师自然成为协会科研人员的重要来源。同时，德国的科研机构允许吸收学生参与项目研发，研究生在参与协会项目研发的同时，要开展学术研究，用5年左右的时间，完成博士学位。另外，协会面向社会招聘项目研究所需要的各类专门人才。据统计，协会40%的研究人员为高年级学生，这一做法使得协会科研人员的平均年龄不超过40岁。协会对于科研人员的管理具有“流动性”和“项目化”的特点，协会所属研究所实行固定岗与流动岗相结合的人员管理方式，协会的大多数科研和技术人员都是合同制人员，协会一般和新进人员签订与承担项目周期一致的3~5年的定期合同，合同到期或项目完成后，员工一般都要离职或申请进入其他项目组。一般来说，只有在研究所连续工作10年以上的专业人员才可能得到终身工作职位。两类岗位执行不同的薪酬标准，固定岗执行国家公务员工资标准，合同岗按照合同约定支付薪酬。这种用人制度使得科研人员的流动非常频繁，新人辈出，进出有序，队伍的生命青春常在。